Artificial

Mariano Sigman (Buenos Aires, 1972) obtuvo su doctorado en Neurociencia en Nueva York y fue investigador en París antes de volver a Argentina. Es un referente mundial en neurociencia de las decisiones, neurociencia y educación, y neurociencia de la comunicación humana. Fue uno de los directores del Human Brain Project, el esfuerzo más vasto del mundo por entender y emular el cerebro humano. Ha trabajado con magos, cocineros, ajedrecistas, músicos y artistas plásticos para vincular el conocimiento de la neurociencia a distintos aspectos de la cultura humana. Además, ha desarrollado una extensa carrera de divulgación científica que incluye programas en las principales radios de Argentina y en televisión, y cientos de artículos publicados en todo el mundo. Es autor de *La vida secreta de la mente. Nuestro cerebro cuando decidimos, sentimos y pensamos* (2015), *El poder de las palabras. Cómo cambiar tu cerebro (y tu vida) conversando* (2022) y, en coautoría con Santiago Bilinkis, *Artificial. La nueva inteligencia y el contorno de lo humano* (2023).

Santiago Bilinkis es emprendedor y tecnólogo. Estudió Economía en la Universidad de San Andrés, donde se graduó con Medalla de Oro. Realizó estudios de posgrado sobre inteligencia artificial, robótica, biotecnología, neurociencia y nanotecnología junto a los más renombrados científicos del mundo en la Singularity University, ubicada en una sede de la NASA en Silicon Valley. Como tecnólogo, se dedica a la divulgación en prensa y radio. En 2013 formó parte del documental de Discovery Channel *2111*, junto a figuras internacionales de la talla de Ray Kurzweil, James Canton y Aubrey de Grey. Fue distinguido como Personalidad Destacada en el campo de la Ciencia y la Tecnología por la Ciudad de Buenos Aires, obtuvo el Premio Domingo Faustino Sarmiento otorgado por el Senado argentino y también el Premio Konex 2018 como uno de los emprendedores más innovadores de la última década. Cofundó varias empresas tecnológicas y participa en la dirección de algunas organizaciones de la sociedad civil. Es también uno de los organizadores de TEDxRíodelaPlata. En los últimos años realizó presentaciones en numerosas universidades, incluyendo el MIT Sloan School of Management y Harvard Business School, así como en diferentes empresas y organizaciones públicas. Su primer libro fue *Pasaje al futuro* (Sudamericana, 2014).

MARIANO SIGMAN
SANTIAGO BILINKIS

Artificial

La nueva inteligencia y el contorno de lo humano

DEBOLS!LLO

Papel certificado por el Forest Stewardship Council®

FSC
www.fsc.org
MIXTO
Papel | Apoyando la silvicultura responsable
FSC® C117695

Penguin Random House Grupo Editorial

Primera edición en Debolsillo: febrero de 2026

Travessera de Gràcia, 47-49. 08021 Barcelona
Diseño de la cubierta: Penguin Random House Grupo Editorial
Imagen de la cubierta: creación de Coco Dávez generada por Midjourney

Printed in Spain – Impreso en España

ISBN: 978-84-663-8031-7
Depósito legal: B-21.528-2025

Compuesto en M. I. Maquetación, S. L
Impreso en Black Print CPI Ibérica
Sant Andreu de la Barca (Barcelona)

P 3 8 0 3 1 7

Mariano Sigman:
A mis viejos y a Michita, con amor y gratitud

Santiago Bilinkis:
A la memoria de mis abuelos: Anita, Bernardo, Rosita y Raúl, que aún viven en mi recuerdo; y por el futuro de mis nietos, que algún día llegarán

Índice

Prólogo

Mariano Sigman

Un día de primavera en Madrid, Emiliano Chamorro me sugirió agregarle un capítulo a un libro que yo había escrito sobre la conversación, uno que hablase de cómo conversar con una inteligencia artificial. Ahí empezó todo. La idea viajó a la velocidad de un rayo hasta Miguel Aguilar y Roberto Montes, editores, maestros y amigos de uno y otro lado del Atlántico. Y volvió, casi al tiempo que Emi terminaba su frase, con otra propuesta: «¿Por qué no mejor un libro nuevo?». Y en esa sucesión vertiginosa se resolvió que el libro, además, tendría que escribirse en un instante.

Sin pensarlo un segundo, levanté el teléfono, llamé a Santiago, con quien siempre nos merodeamos pero con quien nunca había colaborado, y le propuse escribir, a cuatro manos y con una fecha bastante inminente, un libro. Era como invitar a alguien con el que nunca se ha salido a caminar a subir juntos el Everest. Como nada era normal en ese día, resultó que Santiago justo acababa de empezar no sé cuántos proyectos que ya en sí mismos parecían un abismo, y mientras yo ahí iba pensando que ese rapto de locura duraba lo que duran esos raptos, dijo que sí, que no sabía cómo, pero que ahí fuéramos. Y ahí fuimos.

Santiago Bilinkis

La llamada de Mariano me encontró en un momento de desborde total: al trabajo habitual como divulgador en la radio y a la generación de contenido para mi podcast y las redes, se sumaba el repentino interés de los medios por entender la revolución del ChatGPT. La inteligencia artificial, un tema al que le dedico gran parte del tiempo desde los últimos quince años y que solo nos interesaba a unos pocos «nerds», estaba de repente en el centro de la agenda pública. La gran meta de esta etapa de mi vida, acercar la tecnología más avanzada a la vida de las personas de una manera que les resulte sencilla y estimulante, cobraba más relevancia que nunca. Lo último que necesitaba en ese momento era una propuesta tan extraordinaria como indeclinable. Y justo me sonó el teléfono. Mi respuesta a Mariano fue instantánea. La idea de trabajar juntos me resultaba muy estimulante y combinar nuestras ideas en un proyecto conjunto era una oportunidad maravillosa. Pero no se acababa ahí: pocas cosas me atraen tanto como una meta imposible. Hacer un libro sobre inteligencia artificial, escribiendo por primera vez de a dos, con un coautor que vive en otro país con cinco horas de diferencia horaria, y completarlo en unas pocas semanas... ¡Imposible! ¿Dónde hay que firmar?

1

La génesis de la inteligencia

Tragedia y esperanza

En mayo de 1938, el almirante Sir Hugh Sinclair del Servicio de Inteligencia Británico, el mítico MI6, compró una mansión construida en el siglo XIX conocida como Bletchley Park. Este lugar era el emplazamiento ideal para crear un centro de operaciones: estaba a poco más de setenta kilómetros de Londres, cerca de una línea de tren que pasaba por las universidades de Oxford y Cambridge, y el esplendor arquitectónico del palacio ayudaría a camuflar las actividades secretas del gobierno durante la Segunda Guerra Mundial.

Poco después, el Servicio de Inteligencia fue «de pesca» a las universidades más importantes del Reino Unido para reclutar a un formidable equipo de treinta y cinco físicos y matemáticos, que serían liderados por Alan Turing y Dillwyn Knox. Así, de manera abrupta y precipitada, se puso en marcha esta sucursal secreta de la Escuela de Códigos y Cifrado del Gobierno del Reino Unido. Apenas llegaron a los espléndidos jardines de Bletchley Park, el grupo de nerds descubrió cuál sería su misión: ni más ni menos que salvar al mundo. Los alemanes utilizaban una máquina llamada «Enigma», que encriptaba sus mensajes a través de un sofisticado sistema de engranajes basado en tres rotores que transformaban cada letra en otra. El objetivo de Turing y su equipo era descifrar ese código. La tarea era extremadamente difícil ya que los nazis cambiaban a diario la posición inicial de los rotores y eso resultaba en 159 trillones de combinaciones posibles. Había que volver a descifrar la posición cada vez. Desencriptar estos mensajes podía inclinar la balanza de la Segunda Guerra Mundial, porque permitiría a los aliados acceder a información reservada sobre los planes y acciones enemigos.

Como gran parte de los hombres jóvenes estaban destinados al campo de batalla, el gobierno británico reclutó a más de seis mil mujeres para trabajar en Bletchley Park. Hablaban varias lenguas, y eran muy hábiles jugando al ajedrez y resolviendo crucigramas. Entre ellas estaba Joan Clarke, que se convirtió rápidamente en una de las personas decisivas del proyecto.

Turing, Clarke y su equipo trabajaban contrarreloj, urgidos por el avance del conflicto bélico. Pasadas algunas semanas, descubrieron cómo descifrar los mensajes. Pero tan pronto entendieron los cálculos y decisiones necesarios para descifrar el código de Enigma, descubrieron también que era imposible que pudieran resolverlos a tiempo. Encontraron la solución en otro de los recintos de Bletchley Park, donde el propio Turing estaba desarrollando una máquina de cálculo que recibió el nombre de «Bombe». Con la ayuda de este enorme dispositivo electromecánico, creado en 1939 a partir de un viejo proyecto del matemático polaco Marian Rejewski, sería posible determinar el contenido de los mensajes encriptados por la máquina Enigma.

Los códigos nazis se descifraron a tiempo gracias a una asombrosa conjunción de factores humanos y tecnológicos: por un lado, un equipo privilegiado de mentes científicas que pasaron, sin previo aviso, de explorar universos abstractos en una pizarra a salvar el mundo, y de personas que convirtieron su afición por los enigmas y crucigramas en el principal recurso para descifrar el contenido de los mensajes secretos del Reich. Por otro, parece ser que la insistencia vanidosa de los nazis en usar repetidamente la fórmula «Heil Hitler» fue un error garrafal que simplificó la tarea, ya que es mucho más sencillo descifrar un código en el que hay mensajes previsibles que se repiten. Y por último, la puesta a punto de dispositivos aparatosos capaces de ejecutar a gran velocidad cálculos que los cerebros combinados de esos científicos no hubiesen realizado a tiempo.

Bombe no hubiese pasado una prueba de inteligencia. Ejecutaba apenas un cálculo demandante y sofisticado para descifrar un enigma. Pero este esbozo de pensamiento humano depositado en un dispositivo eléctrico mostraba ya algunos rasgos de lo que identificamos como inteligencia. Podía hacer operaciones y tomar decisiones que hasta ese momento solo realizaban personas «inteligentes». El programa que ideó Turing para establecer la posición inicial de los rotores de Enigma fue una versión muy rudimentaria de una inteligencia artificial (IA).

Así, en estos días, en los que suele percibirse la IA como algo opuesto a lo humano, quizá convenga recordar que su primer proyecto embrionario se concibió justamente en la urgencia por salvar a la humanidad de su poder de autodestrucción.

¿Qué Dios detrás de Dios la trama empieza?

Bletchley Park dejó de funcionar en cuanto terminó la guerra. Los matemáticos y físicos que habían sido reclutados en las mejores universidades volvieron a casa como los soldados que regresan del servicio. Pero, a diferencia de estos últimos, los héroes y heroínas de Bletchley Park no pudieron decir dónde habían estado ni qué habían hecho, y cargaron de por vida con el peso de ese secreto. Así, un manto triste y oscuro cubrió el final de esta historia épica.

Como si un descubrimiento clave para el desenlace de la Segunda Guerra Mundial no hubiese sido suficiente para una vida, Turing continuó sus investigaciones en los temas más intrincados y desafiantes de la ciencia. En un trabajo seminal titulado «La base química de la morfogénesis», publicado siete años después de terminar la guerra, reveló el mecanismo que da lugar a los patrones sofisticados de la naturaleza, desde la forma de las flores, o las de una célula, hasta las espirales de los caracoles. Siguiendo esta premisa, la de mostrar que las cosas más sorprendentes de la vida emergen de reglas sencillas, reanudó la tarea de entender la inteligencia. Y se propuso emularla, retomando el proyecto que había empezado en Bletchley Park.

Pasada la urgencia bélica, Turing entendió que el ajedrez, un juego que históricamente ha funcionado como una metáfora del ingenio humano, era un terreno idóneo para estudiar la inteligencia en un dominio acotado pero significativo. «Dios mueve al jugador, y éste, la pieza /¿Qué Dios detrás de Dios la trama empieza / de polvo y tiempo y sueño y agonías?», escribe Borges en un poema que repara en la misma analogía. El ajedrez se convirtió, desde ese momento, en el conejo de indias de la historia de la IA, fue el primer gran escenario para su exploración y desarrollo, y en la actualidad es el mejor terreno para observar qué sucede cuando una inteligencia sobrehumana se asienta en alguno de nuestros dominios.

«¿Cómo se diseña un programa capaz de analizar una posición de ajedrez y con criterio para tomar buenas decisiones?», se preguntó Turing. Para entender cómo funcionan los mecanismos de la inteligencia se basó en sí mismo. Analizó sus razonamientos para intentar comprenderlos y extrapolarlos a una máquina. Este fue el primer paso en el camino de búsqueda de una IA: emular y replicar la inteligencia humana. Más precisamente, la inteligencia de Turing. Este ejercicio de pensar sobre nuestro propio pensamiento, conocido como «metacognición», hasta el momento solo había interesado a la psicología, como una búsqueda de hacer explícito el proceso mediante el cual razonamos.

Turochamp, el primer programa de ajedrez, nació en 1948 a partir de una investigación que Turing y David Champernowne compartieron en Mánchester. El programa funcionaba como una receta de cocina. Una serie de instrucciones secuenciadas definían los pasos para decidir un movimiento de manera tan bien especificada que podría usarlo cualquier persona, aunque nunca hubiera jugado al ajedrez.

A Turing le ocurrió algo similar a lo que había vivido Leonardo Da Vinci en el siglo XV: su genio estaba adelantado al desarrollo tecnológico de la época. Como Turochamp estaba por encima de las capacidades de hardware disponible, no contaba con ordenadores capaces de ejecutar el programa que había diseñado. Advirtió entonces que una forma de resolver el problema era ejecutar el programa en su cerebro, llevando adelante una tras otra las instrucciones que le indicaba el algoritmo. Turochamp fue el primer programa de IA y se ejecutó en un cerebro humano.

Su habilidad para jugar resultó bastante mediocre. Además, como programa, tenía grandes limitaciones: operaba sobre un único dominio específico con reglas muy claras (jugaba al ajedrez, pero no podía hacer ninguna otra cosa, ni siquiera jugar a un juego mucho más sencillo), y dependía de la claridad del lenguaje formal usado por el programador, de su imaginación y su conocimiento del juego.

El proyecto, además, nació con una herida de muerte: conocer en detalle cómo operaba el programa y cómo resolvía cada decisión lo volvió menos atractivo, ya que gran parte de la fascinación que nos produce la inteligencia humana radica, precisamente, en no entenderla. Algo que no es enigmático, sorprendente e inexplicable no nos parece inteligente. Y, por su misma estructura, el programa que Turing había diseñado carecía de estos elementos.

Turochamp fue un hito histórico pero sus resultados nunca fueron muy prometedores. Sesenta y cuatro años después, en 2012, en el marco de la celebración del centenario del nacimiento de Turing, la Universidad de Mánchester rescató el algoritmo que él había creado y lo enfrentó a uno de los mejores jugadores de todos los tiempos: Garry Kaspárov. El gran maestro ruso aplastó al viejo programa en una partida de dieciséis movimientos.

La frontera de lo humano

En 1950, Turing publicó un artículo académico en el que presentó, por primera vez, el andamiaje teórico de la prueba que conocemos como «test de Turing». ¿Pueden pensar las máquinas?, o para hacer la pregunta algo más precisa: ¿pueden pensar de una forma indistinguible a como lo hace un ser humano?

Turing propuso un método para resolver este interrogante, basada en el juego de imitación. En esta prueba, un entrevistador alterna preguntas a través de un terminal a dos *entes*: uno es una persona y otro un ordenador. Si el interrogador consigue distinguir quién es la persona y quién la máquina, el sistema no pasa la prueba de Turing. Si, por el contrario, el ordenador logra confundirlo, entonces la supera.

El test de Turing es ingenioso y establece un criterio conciso para evaluar la inteligencia de las máquinas, pero tiene varios problemas. Se basa en una idea antropomórfica, ya que asume que una inteligencia artificial tiene que asemejarse a una humana. Además, ser capaz de camuflarse no es condición necesaria ni suficiente para ser inteligente. Aunque seamos más inteligentes que un chimpancé no podríamos hacernos pasar por uno, y por ende no hubiésemos pasado su test de Turing. De la misma forma, puede haber IA muy potentes que no logren emular la inteligencia humana, y otras que imiten la inteligencia humana sin que por eso sean inteligentes.

En una trágica ironía, a Turing, que salvó al mundo de un horror inenarrable y dedicó su vida a estudiar el razonamiento, lo condenó la irracionalidad moral de su época. Turing era homosexual, lo que por aquel entonces se veía como una desviación de la salud mental y un peligro para la sociedad. En 1952, robaron en su casa y, en el marco de la investigación, lo presionaron hasta hacerle confesar que el ladrón era un amante. La víctima del robo pasó a ser un acusado de «indecencia grave», y en lugar de cumplir la pena en la cárcel —lo que le habría costado su puesto de investigador— se adhirió a una condena con libertad condicional y fue sometido a un proceso de castración química que consistió en una serie de inyecciones de estrógenos para reducir su libido sexual.

El 7 de junio de 1954, encontraron el cuerpo sin vida de Turing. Dicen que a su lado había una manzana a medio comer a la que, según se sospecha, le había inyectado previamente cianuro. Con solo cuarenta y dos años, una de las mentes más brillantes de la historia de la humanidad, un verdadero promotor del mundo libre y democrático, murió acorralado por ese mismo mundo libre que aún estaba repleto de prejuicios. En la génesis de la historia de la IA hay una profunda tragedia humana.

El equilibrio nuclear

Durante la Segunda Guerra Mundial, la ciencia invadió el terreno de la política a un lado y otro del Atlántico. Mientras Turing, Clarke y una tropa de mujeres lingüistas, matemáticas e incluso expertas en crucigramas impulsaron la computación, la criptografía y la IA en Bletchley Park, del otro lado del océano Albert Einstein escribía su célebre carta a Franklin D. Roosevelt, entonces presidente de Estados Unidos, que comenzaba así:

> Algunos trabajos recientes de E. Fermi y L. Szilard, que me han sido comunicados en forma manuscrita, me llevan a suponer que el elemento uranio puede convertirse en una nueva e importante fuente de energía en el futuro inmediato... Este nuevo fenómeno conduciría también a la construcción de bombas, y es concebible, aunque mucho menos seguro, que puedan construirse así bombas extremadamente poderosas de un tipo nuevo.

Para explorar el potencial bélico de este tipo de armas se diseñó el Proyecto Manhattan cuyo centro de operaciones era el Laboratorio Nacional de Los Álamos, en Estados Unidos, una instalación que, de la misma manera que Bletchley Park en Inglaterra, funcionaba en secreto y congregaba a los mejores cerebros de la época. Allí, los físicos más destacados en mecánica cuántica y física atómica, liderados por Robert Oppenheimer, trabajaban en el desarrollo de una bomba nuclear. Estos científicos también jugaron un factor decisivo en el resultado de la guerra.

Con el fin del conflicto y el triunfo de los aliados, las tecnologías de estos dos proyectos tomaron caminos muy dispares. La IA se convirtió durante varias décadas en un campo de estudio periférico, curioso pero intrascendente, que interesaba solo a un grupo minoritario de entusiastas de la tecnología y de la ciencia ficción. Por el contrario, el armamento nuclear se convirtió en el eje fundamental para el balance geopolítico, y en el factor decisivo de la Guerra Fría.

Estados Unidos y la Unión Soviética desarrollaron sendos planes de armas nucleares y ambas potencias llegaron a contar con la misma capacidad de reducir la civilización a cenizas. Esta paridad sirvió, en varias ocasiones, para frenar una escalada bélica de potenciales consecuencias terribles. Era un equilibrio nefasto y lleno de incertidumbre, sin duda, pero un equilibrio al fin. El matemático John von Neumann, que también fue uno de los grandes pioneros de la computación y la teoría de juegos, describió matemáticamente este equilibrio con una fórmula que interpela a la razón: $1 + 1 = 0$.

Lo llamativo es que a esto no se llegó de manera azarosa. En la década de 1940, muchos de los expertos en física nuclear de Estados Unidos compartieron sus saberes con la otra gran potencia, en un fabuloso thriller de espionaje. Algunos científicos se convirtieron en espías de la Unión Soviética porque apoyaban los ideales comunistas, pero otros lo hicieron sobre la base del concepto de «paridad nuclear». Vislumbraron el futuro y entendieron que, para evitar la aniquilación del planeta, había que asegurarse de que ningún país tuviera el monopolio de ese poder destructivo. Así, el precario equilibrio entre las dos potencias enfrentadas fue el resultado de la decisión de un grupo muy pequeño de científicos que entendieron que el conocimiento debía estar en manos de ambos para así lograr esa situación de tablas: la doctrina conocida como «destrucción mutua asegurada». El estadounidense Ted Hall, licenciado en Harvard, y el científico inglés Klaus Fuchs, fueron exponentes cabales de esta teoría de la paridad nuclear. Convencidos de que había que igualar las condiciones de juego para salvar a la humanidad de un desastre, contactaron con los soviéticos y los mantuvieron informados sobre los avances del Proyecto Manhattan.

La visión de este grupo de científicos, que entendieron que la distribución de tecnología nuclear iba a determinar el futuro del mundo, y que ellos tenían un rol decisivo e inevitable —por acción u omisión— en la configuración del mapa global, puede servir como guía para pensar acerca del avance de la investigación y el control sobre la IA en el futuro cercano. Veremos en este libro que hoy el poder de influencia de los dos proyectos tecnológicos ha cambiado: ya no será el poder destructivo de la energía nuclear sino el de la IA el que ocupe el foco principal de la escena política y económica.

Eliza, el primer vestigio humano en una máquina de silicio

Mientras el mundo estaba pendiente de la tensión áspera entre dos potencias nucleares, la IA seguía ocupando un lugar bastante marginal en la esfera de las preocupaciones sociales. Por aquel entonces, la IA no era ni de cerca un ámbito de ricos y famosos. En sus reductos académicos, físicos, matemáticos y neurofisiólogos como Marvin Minsky, John Hopfield o Warren McCulloch comenzaron a trabajar en la idea de «redes neuronales», un concepto que permitió vislumbrar cómo emerge la inteligencia a partir de un sustrato que no es inteligente.

En este nuevo abordaje ya no se observaba la inteligencia humana para escribirla en un programa, sino que se pretendía ver si un cerebro digital y artificial era capaz de producir comportamientos inteligentes. Así, se superaba una limitación fundamental del planteamiento de Turing, ya que la mayoría de las cosas que hacemos involucran mecanismos que son inaccesibles para nosotros mismos. La búsqueda de la inteligencia a través de redes neuronales no dejaba de ser una concepción antropocéntrica, pero implicaba un cambio rotundo.

Lo asombroso del cerebro humano no radica en la complejidad de una neurona, sino en las capas y formas en las que se organizan miles de millones de ellas. Una neurona tiene, en esencia, una tarea muy simple: escucha a otras, y si estas producen una señal suficientemente fuerte, entonces dispara y envía esa señal a otras vecinas. Así se forma un circuito entre unidades muy simples capaz de codificar una gran cantidad de patrones en las distintas configuraciones de neuronas encendidas y apagadas. Pronto veremos cómo las redes neuronales se convirtieron en el motor de la IA, pero antes nos toca presentar a una de las primeras celebridades de esta disciplina. Se llama Eliza. Y es un programa.

En los mismos años en que Minsky y Hopfield daban cuerda a una incipiente ciencia de la inteligencia, el psicólogo norteamericano Carl Rogers andaba preocupado por otra dimensión del pensamiento humano: la locura. Con su colega Abraham Maslow, cambiaron la filosofía y la práctica de la psicoterapia, dándole una perspectiva más humanista. En una época en la que la locura era vista como una enfermedad en la que las personas perdían aquello que los hacía humanos, Rogers propuso un acercamiento empático en psicoterapia y advirtió que la locura nos atraviesa a todos. La locura, poco a poco, empezó a verse, y a tratarse, como una de las tantas facetas y expresiones en el mundo diverso y variopinto de lo humano. Rogers hizo de la empatía el centro de la relación terapéutica.

Estos dos universos, el de la psicoterapia y la empatía por un lado, y el de las redes neuronales y la IA por el otro, pueden parecer muy distantes, pero en realidad son bastante cercanos. Ambos se ocupaban de entender, por construcción u observación, la esencia de lo humano. No fue casual que estos dos mundos se encontraran en uno de los primeros hitos de la IA. En 1966, inspirado por la noción de empatía que había desarrollado Rogers, medio siglo antes del ChatGPT, Joseph Weizenbaum, un profesor de informática del Instituto Tecnológico de Massachusetts (MIT), programó Eliza, el primer bot conversacional de la historia. Un intento de sintetizar a un psicoterapeuta rogeriano, intrínsecamente empático.

Eliza conversaba por escrito con su interlocutor e intentaba dar la impresión de que comprendía sus problemas e inquietudes. Para lograr que la conversación fuese empática y lo más humana posible, el programa se valía de un algoritmo simple. Primero, reconocía alguna palabra clave y de esa palabra podía inferir el tema. Por ejemplo, cuando el interlocutor mencionaba la palabra «padre» o «madre», Eliza reconocía que estaba hablando sobre la familia. Luego, hacía alguna pregunta o comentario relacionados con ese tema. Además, tenía almacenadas frases hechas, y también usaba frases de continuidad, que eran útiles para simular que mostraba interés.

A continuación, un ejemplo de cómo era un diálogo con Eliza:

MUJER JOVEN: Los hombres son todos iguales.
ELIZA: ¿En qué sentido?
MUJER JOVEN: Siempre nos están fastidiando por algo en concreto.
ELIZA: ¿Se te ocurre algún ejemplo concreto?
MUJER JOVEN: Bueno, mi novio me hizo venir aquí.
ELIZA: ¿Tu novio te hizo venir aquí?
MUJER JOVEN: Dice que estoy deprimida la mayor parte del tiempo.
ELIZA: Lamento oír que estás deprimida.
MUJER JOVEN: Es verdad. Soy infeliz.
ELIZA: ¿Crees que venir aquí te ayudará a no ser infeliz?
MUJER JOVEN: Necesito ayuda, eso seguro.
ELIZA: ¿Qué significaría para ti recibir ayuda?
MUJER JOVEN: Quizá podría aprender a llevarme bien con mi madre.
ELIZA: Háblame más de tu familia.
MUJER JOVEN: Mi madre me cuida.
ELIZA: ¿Quién más de tu familia te cuida?
MUJER JOVEN: Mi padre.
ELIZA: Tu padre.
MUJER JOVEN: Te pareces a mi padre en algunas cosas.
ELIZA: ¿Qué parecido ves?
MUJER JOVEN: No eres muy agresivo, pero creo que no quieres que me dé cuenta de eso.

Este programa, instalado en un ordenador tan gigantesco como primitivo, basado en unas pocas líneas de código de una sencillez aplastante, resultó ser una estrella de la conversación. Todos querían hablar con Eliza. Más allá de su destreza circense y de ser la prueba de que era posible que una máquina de silicio conversase, demostraba que la empatía, y con ella uno de los rasgos esenciales de la condición humana, es mucho más simple de lo que creemos. Un programa rudimentario, que simplemente propone a una persona continuar hablando sobre el mismo tema, genera la ilusión de ser empático.

Pero Eliza, como Turochamp, no pasaría una prueba de inteligencia rigurosa. Era incapaz de memorizar, no podía aprender de sus conversaciones, no entendía la ironía, había un sinfín de temas sobre los que no podía opinar, y su concepción sobre qué era comprender a su interlocutor radicaba simplemente en continuar proponiendo una conversación sobre un mismo tema. Tampoco pasaría el test de Turing, pero sí podría engañar a su interlocutor durante un rato simulando algo profundamente humano. Y había algo que su creador jamás hubiese imaginado: resultaba apasionante hablar con ella.

Un cerebro profundo

La psicología y la IA tuvieron un buen punto de encuentro en la empatía de Eliza, de la misma manera en que las redes neuronales de Hopfield tuvieron un punto de encuentro con la neurociencia. ¿Cómo aprende un programa informático basado en estructuras neuronales? La respuesta vino de la principal teoría sobre el aprendizaje en el cerebro, sintetizada en la máxima que el canadiense Donald Hebb enunció en 1949: *neurons that fire together wire together* («Las neuronas que disparan juntas, se conectan»). Aquí vemos otro ejemplo de un fenómeno emergente, como la formación de patrones que estudió Turing. Cuando este mecanismo simple se aplica a una gran red da lugar a un vasto repertorio de aprendizajes en los que se cimenta la asombrosa complejidad de la inteligencia. Es el sueño de la ingeniería y de la ciencia y, en cierta medida, del arte: una regla simple capaz de explicar y sintetizar las estructuras más complejas y sofisticadas del universo.

Esta es la idea esencial de una red neuronal. Una malla lo más amplia posible, formada por distintas capas de neuronas idénticas. La combinatoria es tan grande que permite establecer circuitos capaces de codificar casi cualquier cosa. Cada patrón de activación de la red, es decir, cada conjunto de neuronas que se activan de manera simultánea, establece una representación «mental» de un objeto. Puede ser la representación de algo concreto como un animal, o de un ente abstracto. Estas estructuras, a su vez, pueden combinarse para formar representaciones más complejas. Para poner un ejemplo matemático: la activación de un grupo de neuronas puede indicar si un número es par. La activación de otro grupo de neuronas, si un número es mayor a cien. Estos dos circuitos pueden combinarse en uno nuevo para representar los números pares, que además son mayores a cien. Una red neuronal así establece una relación unívoca entre los objetos y sus representaciones en grupos específicos de neuronas. Las neuronas que se activan cuando la red ve este objeto, por la regla de Hebb, se conectan entre ellas. Y en este entramado particular queda el recuerdo de un objeto que puede activarse y representarse de manera abstracta. En este momento, mientras lees estas páginas, se están creando nuevas conexiones entre las neuronas de tu cerebro y se están fortaleciendo otras que ya existían. Esos cambios en tu red de neuronas constituyen la manera en la que se construye el recuerdo de esta lectura. El registro de información en una red neuronal artificial opera del mismo modo.

Las redes neuronales artificiales se organizan en una estructura jerárquica de capas sucesivas, otra idea tomada del cerebro humano. En su versión más simple incluyen tres capas: una de entrada que codifica la información recibida, otra intermedia que la procesa y representa de manera más abstracta, y una de salida para dar una respuesta. Gracias al aumento del poder de cómputo del hardware, fue posible agregar cada vez más cantidad de capas intermedias, dando lugar a un nuevo tipo de red neuronal conocida como aprendizaje profundo, o por su nombre en inglés *deep learning.*

Articulando un número enorme de capas, este tipo de red se volvió sumamente potente y poco a poco empezó a reducir la gran brecha que la separaba de un cerebro humano. Como todas las redes, establece representaciones (también llamadas atributos). Las representaciones generadas en una capa sirven como elementos para la fase siguiente, que logra así un nivel de abstracción mayor. Esa característica las vuelve muy potentes y empieza a dotarlas de rasgos de la inteligencia humana, como el mencionado de la abstracción.

El ejemplo paradigmático, uno de los más estudiados en nuestro propio cerebro y el que sirvió como territorio de pruebas en la IA, es el de la visión. En la corteza visual hay una primera capa que detecta los bordes donde cambia la luminosidad o el color. Estos son los ladrillos básicos del sistema visual, sus primeros atributos. Luego, una segunda capa toma esta información ya procesada y empieza a combinar esos segmentos para codificar formas de geometría sencilla: un ángulo recto, un ángulo inclinado, una «T», un cuadrado... A su vez, esta capa se convierte en el insumo de la siguiente, que la recombina para procesar formas más complejas, como una cara, hasta lograr codificaciones abstractas de objetos complejos (un gato, una persona feliz, Pedro, un amanecer de invierno). El resultado de este cálculo secuencial de la red es identificar todos los atributos que hacen que un «gato» sea un gato. Eso permite que el cerebro lo reconozca sin importar si es adulto o bebé, o si está de perfil, acostado, dibujado por un pintor impresionista, arqueado, dormido, o saltando... Todas estas imágenes tan distintas corresponden al mismo concepto: tienen en común aquello que define la esencia de qué es un gato. Este trabajo de abstracción o categorización es central para la inteligencia y se resuelve de una manera relativamente sencilla. Brutal en su esfuerzo computacional y en los cientos de millones de neuronas necesarias, pero simple en su lógica y procedimiento.

El alumno supera al maestro

Las redes neuronales cambiaron la forma de aprender de las máquinas: ya no se programan con una serie de instrucciones escritas por un humano, sino que se entrenan para que vayan descubriendo los patrones de conexiones neuronales que las vuelven efectivas. En este proceso aparece un elemento que también está en la esencia del aprendizaje humano: la retroalimentación o *feedback*. Volvamos al ejemplo que ya hemos visto: una red neuronal tiene que responder si una imagen corresponde a un gato o no. Al principio sus conexiones son arbitrarias y por lo tanto su desempeño será casi azaroso.

Pero, y aquí está la clave, cada vez que reciba la indicación de que ha acertado, el patrón de conexiones que condujo hasta ese acierto se reforzará, aumentando la probabilidad de que esa respuesta se repita en situaciones similares. Por el contrario, cuando se le indique que cometió un error, las conexiones que llevaron a ese desacierto se debilitarán, generando el efecto opuesto.

Así, en un proceso laborioso, que a la velocidad de un ordenador es posible en tiempos razonables, la red va aprendiendo la estructura precisa de conexiones que le permite resolver esa tarea. Pasado este entrenamiento, puede responder de manera exitosa a nuevas imágenes que nunca ha visto. En este momento vale utilizar la metáfora de que la red ha entendido lo que es una categoría. Para eso habrá formado algunas conexiones específicas que se corresponden con los atributos que debe utilizar para identificar esa categoría de manera acertada. Este ejemplo fácil de expresar, no de resolver, se extiende a casi cualquier problema que podamos asociar con la inteligencia, aun con los que son en apariencia más sofisticados. Este mecanismo es una versión simple de lo que se conoce como «aprendizaje por refuerzos» (reforzar los patrones que funcionan) y, por más elemental que parezca, está en los cimientos de la inteligencia humana y artificial.

Aparece aquí un hallazgo sorprendente: aprendiendo por su cuenta sobre la base de este proceso, el alumno (la red neuronal) puede entender el problema mejor que el maestro (el ser humano) que le ha presentado estos casos o, en otras palabras, adquirir una capacidad sobrehumana para esa tarea particular. Lo hace identificando atributos clave para resolver el problema que nosotros no contemplamos o que no podemos verbalizar. Surge así otra sorpresa: la manera en la que una red neuronal resuelve un problema puede volverse incomprensible para los humanos. La palabra «incomprensible» se usa aquí en un sentido literal. Así como un conjunto puede describirse por extensión (enumerando todos los elementos que lo componen) o por comprensión (escribiendo una regla que permite identificarlos), algo se vuelve incomprensible cuando no es posible expresar esa regla de manera verbal. Así, las máquinas pueden hacer las cosas, pero no explicarnos cómo las hacen, y pasan a ser un enigma para nosotros.

La receta para aprender a través de la retroalimentación que acabamos de presentar es bastante simple. El problema es que la vida está repleta de situaciones en las que nadie puede decirnos si lo que hemos hecho está bien o mal, pero de todos modos hay que aprender. Esto se resuelve, tanto en el cerebro humano como en las redes neuronales artificiales, creando una función de valor: una representación abstracta de «cuán bien se ha hecho algo». Por ejemplo, en el caso de un juego, que es su versión más sencilla, la función de valor de una posición determinada representa la probabilidad de ganar a partir de ese punto. Una jugada es buena si nos lleva a una posición mejor, es decir si aumenta esa probabilidad de ganar. Por lo tanto, en esta versión de aprendizaje por refuerzos, el algoritmo busca descubrir aquellas jugadas que mejoran la función de valor. Así, la función de valor opera como una representación interna de la retroalimentación. El algoritmo refuerza conexiones cuando aumenta la función de valor y las cambia cuando disminuye. El programa realiza este proceso de aprendizaje por sí solo, simplemente jugando. Esto no es tan raro. Muchos hemos aprendido un juego sin leer las reglas, simplemente observando, ensayando y aprendiendo a partir del éxito o del fracaso de lo que hemos hecho. El tema es que fuera de los juegos puede ser muy difícil y arbitrario establecer esta función. Aun así, la clave es que el *input* humano a la red neuronal es definir la función de valor, indicándole qué es lo que debe maximizar. Luego, el algoritmo de aprendizaje por refuerzos resuelve de manera muy efectiva esta tarea. Una vez que le decimos el qué, la IA encuentra el cómo.

Todos los juegos, el juego

Estas redes neuronales, famosas por resolver todo tipo de problemas de la vida cotidiana, no son muy distintas de las que concibió Hopfield hace más de cuatro décadas. Yann Le Cun, actual director del departamento de investigación de Meta y uno de los pioneros de la IA contemporánea, publicó dos trabajos que establecen las bases fundacionales de las redes profundas: cómo se configuran, cómo aprenden, cómo se estructuran y cómo pueden entrenarse para usos prácticos. Esos dos trabajos son de 1989 y 1998, es decir del siglo pasado, cuando la mayoría de los que hoy interactúan con la IA ni siquiera habían nacido. ¿Por qué esta tecnología estuvo tanto tiempo en un estado semiletárgico? ¿Qué fue lo que hizo que, de repente, irrumpiera en el mundo?

Durante muchos años, las redes neuronales profundas estuvieron frenadas por la ausencia de hardware que estuviera a la altura del nivel de procesamiento de datos que requerían. No solo por su capacidad de cálculo sino, más importante aún, por la forma en la que procesaban información los chips más habituales en los ordenadores del momento, conocidos como CPU (Central Processing Unit, o unidad central de procesamiento). Este tipo de componentes realiza cálculos a una velocidad pasmosa, pero lo hace de manera secuencial, uno después de otro. Esto resultaba una limitación importante para la industria de los videojuegos, que necesitaba controlar de manera simultánea un enorme número de píxeles en imágenes, para generar escenarios virtuales fluidos, que resultaran detallados e inmersivos. Gracias a la necesidad específica de esa industria, se popularizó a lo largo de los últimos veinte años un tipo de dispositivo computacional específicamente diseñado para el procesamiento de gráficos llamado GPU (Graphics Processing Unit, o unidad de procesamiento de gráficos), capaz de realizar un gran número de cálculos en paralelo en vez de hacerlo de manera sucesiva. En juegos como el Fortnite o el Counter-Strike, en los que la pantalla cambia a una velocidad vertiginosa, hace falta actualizar cada píxel según la dinámica del juego. Y para esto no conviene usar un gran procesador central, sino realizar en paralelo muchas instancias de una tarea más simple. Las GPU lograron aligerar la carga de trabajo del procesador central y de esta forma, mientras gran parte de lo relacionado con los gráficos se resuelve en la GPU, la CPU puede dedicarse a otro tipo de operaciones.

El funcionamiento de este tipo de hardware, en el que una multitud de cosas se resuelven a la vez, se parece mucho más al de nuestro cerebro, acostumbrado a realizar múltiples operaciones de forma paralela y, por eso, se presta más a los modelos utilizados para emular la inteligencia. Las redes neuronales finalmente encontraron en las GPU el lugar donde expresarse como pez en el agua.

El otro ingrediente que hizo que la IA explotase en los últimos años es más evidente. Un espacio digital en el que se han depositado casi todos los datos humanos. La historia empezó en 1971, cuando se conectaron veintitrés ordenadores a la red del Departamento de Defensa de los Estados Unidos, ARPANET, y Ray Tomlinson envió el primer correo electrónico. Unos veinte años después se configuró el protocolo de la red informática mundial (www) y unos diez años más tarde esta red acumulaba una cantidad ingente de datos de producción humana que permitió alimentar a las redes neuronales, capaces de digerirlos vorazmente para forjar su inteligencia. Ahí encontraron todos nuestros textos, las imágenes de pinturas realizadas durante miles de años, millones de cartas, mensajes, confesiones, amenazas, decisiones en todo tipo de juegos y negocios, lo que compramos y lo que vemos, nuestros secretos más privados, la expresión de dudas y certezas en la velocidad con que apretamos un botón o la lentitud con la que pasamos de una imagen a otra...

Y así fue como una necesidad específica de la industria de los videojuegos y el desarrollo de internet se convirtieron en los componentes que dieron combustible a la bomba de la IA, que había esperado paciente y silenciosa durante años a que se diesen, al fin, las condiciones necesarias para su explosión. Y explotó.

La jugada que lo cambió todo

Los nuevos mastodontes de la IA, equipados con sus numerosas capas profundas y ejecutados en redes paralelas de muchos procesadores, también se pusieron a prueba en un tablero. En este caso el juego elegido para la *batalla final* fue el go, un juego de mesa originado en China hace más de dos mil quinientos años. La compañía DeepMind presentó en 2015, un año después de haber sido adquirida por Google, una IA entrenada sobre la base de millones de partidas humanas. Para entender la dificultad esencial del proyecto, es importante saber que el go presenta muchas más combinaciones que el ajedrez: ¡existen más posiciones posibles en un tablero de go que átomos en el universo! Y, por eso mismo, muchos especialistas creían que sería imposible que una máquina pudiera jugar competitivamente. Hasta que llegó AlphaGo.

Este programa, que entraría con Eliza y algunos otros en el panteón de las inteligencias artificiales, se encontró en su primera puesta en escena con el mayor de los desafíos; su contrincante, embajador de lo humano, era el coreano Lee Se-dol, ganador de ocho títulos mundiales. El partido se transmitió por *streaming* ante doscientos millones de personas. En la segunda partida, AlphaGo hizo un movimiento sorprendente, una jugada que ningún humano (al menos uno que jugase bien al go) hubiese hecho. Los expertos que comentaban la transmisión observaban azorados como la máquina cometía un error de principiante. Se-dol quedó perplejo, dejó la sala y necesitó quince minutos para intentar entender lo que pasaba. Pero AlphaGo demostró que ese supuesto error combinado con otras ideas que nadie había considerado era en realidad un gran acierto, y ganó la partida. La jugada resultó absolutamente revolucionaria, original y creativa, y cambió la manera en la que los humanos abordaron el juego a partir de ese momento. Nos regaló una idea nueva que no se le había ocurrido a ningún jugador en los casi tres mil años de historia del go. Las máquinas por primera vez parecían listas para superarnos, incluso en la esfera más humana: la creatividad.

De la misma manera en la que un pintor o un escritor pueden introducir una nueva manera de retratar o de narrar, AlphaGo introduce una innovación que cambia y enriquece la manera en que jugamos nosotros, los seres humanos. Fue, quizá, el primer legado introducido por una máquina en la cadena de una cultura milenaria. Pasa la gente y los programas, pero aquella movida que introdujo AlphaGo ha quedado en el repertorio. Hoy, los maestros en China y Japón enseñan esta jugada en las clases para principiantes de go.

AlphaGo era extraordinaria por su capacidad de concebir nuevas ideas estudiando todo el repertorio de partidas humanas. Pero en 2017, AlphaZero, el sucesor de AlphaGo, dio un paso más y aprendió a jugar tanto al ajedrez como al go sin que nadie le aportara un solo concepto estratégico ni le enseñara una partida. Aprendió jugando contra sí misma.

¿Cómo lograr algo tan asombroso? La máquina comienza jugando contra una copia de sí misma, y la clave está en que solo se le permite a una de las dos copias revisar su modelo de juego. Después de miles de partidas, la que puede aprender comienza a vencer a la otra de manera sostenida. En ese momento se realiza un nuevo clon de esta versión mejorada y se repite el proceso. Así, en esta repetición alucinante de juegos simulados, en medio de la noche cibernética, un programa jugando contra sí mismo genera un conocimiento exponencial. Con eso, la inteligencia artificial estaba lista para el próximo gran desafío.

2

Una nueva era

Leer la mente

Andre Agassi y Boris Becker, dos de los grandes jugadores de la historia del tenis, entablaron una rivalidad legendaria. Sus estilos de juego eran opuestos: mientras Agassi era conocido por su habilidad en el fondo de la cancha, su agresividad y su capacidad para devolver golpes desde cualquier posición, Becker se destacaba por su saque potente y su habilidad en la red. Sin embargo, el famoso saque de Becker nunca fue muy efectivo contra Agassi. En 2009, cuando el tenista de Las Vegas publicó su autobiografía, se entendió por qué. Allí revela un secreto que mantuvo oculto durante años. Agassi descubrió que Becker, sin darse cuenta, hacía un movimiento con la lengua que delataba el tipo de saque que estaba a punto de efectuar. Gracias a ese gesto o atributo que había pasado inadvertido para el resto de sus rivales y para millones de televidentes, Agassi logró descifrar ese aspecto clave del juego de su rival. Así lo cuenta en su libro: «Becker era un poco obvio. Hacía un movimiento recurrente con la lengua cuando se balanceaba para ejecutar el saque: si cerraba la boca, el saque iba al centro de la pista; si deslizaba la lengua hacia un costado, entonces seguramente realizaba un saque abierto». Agassi tuvo que decidir con cuidado cómo usar su hallazgo. «La parte más difícil fue que no se diera cuenta en la cancha de que yo sabía lo que hacía con la lengua. Así que tuve que resistir la tentación de leer sus saques continuamente y elegir el momento en el que usar esa información», confesó. Agassi tenía, en el mundo del tenis, una superinteligencia que le permitía detectar rasgos casi imperceptibles para predecir la dirección de un saque. Una red neuronal funciona de la misma manera: detecta atributos que le permiten identificar si una imagen es o no la de un gato, si hay un tumor en la imagen de un pulmón o qué emoción en particular expresa la voz de una persona. Estos atributos permiten sacar conclusiones y tomar buenas decisiones en dominios muy específicos. Como a Agassi, nadie le enseña a una red neuronal cuál es el mejor atributo para poder predecir algo. Tiene que descubrirlo a partir de una pila abismal de datos.

Leer los atributos del adversario permite anticipar las acciones y movimientos del oponente y ajustar las estrategias y tácticas en consecuencia. Tomemos uno de los ejemplos más simples, el célebre juego piedra, papel o tijera. Todos lo percibimos como un juego de azar pero, a la vez, entendemos que se trata de intentar leer la mente del rival, de adivinar qué es lo que va a elegir a partir de sus gestos o de su historial de elecciones previas. Se trata de encontrar patrones y atributos. Si un programa fuese incapaz de leernos la mente, o si nuestras elecciones fuesen completamente azarosas, no podría vencer de manera sistemática a una persona. Pero resulta que nuestras decisiones al azar no son tan azarosas después de todo. Somos más previsibles de lo que suponemos, y elegimos de acuerdo con un mecanismo inconsciente lleno de regularidades detectables —como los movimientos de la lengua de Becker— aun cuando otras personas e incluso nosotros mismos seamos incapaces de descubrirlas. Es decir, dejamos todo tipo de trazas de nuestras elecciones, que una red neuronal puede utilizar como atributos para inferir nuestra próxima jugada.

Por lo tanto, no debería sorprendernos que en 2020, en la universidad china de Zhejiang, se diseñara una IA que detecta estos patrones ocultos con tal precisión que acabó venciendo al 95 por ciento de las personas con las que se enfrentó en partidas de piedra, papel o tijera a trescientas rondas. Como en el go, el mejor jugador del mundo de piedra, papel o tijera también es una IA. Precisamente porque aprende a detectar patrones que para la mayoría de nosotros son imperceptibles.

Las IA resuelven todo tipo de problemas mejor que cualquier humano porque acceden a atributos que son efectivos para el problema que las máquinas intentan resolver. A nosotros esto nos cuesta más por la dificultad que supone identificar los rasgos más relevantes entre tantos posibles. Este es el caso del saque de Becker. Los datos están ahí, accesibles para todos, pero nuestra atención limitada hace que casi nadie, salvo un genio del juego, repare en ellos.

Otras veces, hay una restricción estructural más evidente. Nuestros dispositivos sensoriales tienen limitaciones importantes, de las que no somos conscientes. Tomemos como ejemplo el oído: el rango de audición humana detecta los sonidos con frecuencias entre 20 y 20 000 Hz. Por lo tanto, una máquina, al igual que algunos animales, puede oír cosas que nosotros no percibimos. Tenemos también una limitación más profunda: la realidad puede presentar facetas cuya existencia desconocemos por completo. Imaginemos esto: si todos fuéramos sordos, ¿cómo sabríamos de la existencia del sonido? ¿Cuántas otras propiedades del mundo se nos estarán escapando, simplemente porque no tenemos los sensores para detectarlas? En definitiva, si tomamos como ejemplo el procesamiento de imágenes, las redes neuronales logran ver cosas que el ojo humano no percibe, porque tienen ventajas significativas en términos de memoria, representación multidimensional, procesamiento simultáneo y adaptación.

Pensar es olvidar diferencias

Así sintetiza Jorge Luis Borges un rasgo fundamental de la inteligencia en la historia de un tal Funes, quien, tras sufrir un accidente, ha adquirido una memoria prodigiosa que lo obliga a recordar todos los detalles de su vida y del mundo que lo rodea. A priori, esto puede parecer propio de un genio, pero Borges esboza una tesis sobre la inteligencia y muestra que, por el contrario, esta memoria tan detallada entorpece uno de sus rasgos fundamentales. De cada percepción, Funes hace una característica única: «No solo le costaba comprender que el símbolo genérico "perro" abarcara tantos individuos dispares de diversos tamaños y diversa forma; le molestaba que el perro de las tres y catorce (visto de perfil) tuviera el mismo nombre que el perro de las tres y cuarto (visto de frente)».

La historia de Funes exhibe uno de los principales peligros que implica la abundancia de datos. Entender algo requiere identificar los atributos para comprender qué hace a un objeto, pero también saber ignorar aquellos que son irrelevantes. Para identificar un perro hace falta ver que ladra, que tiene orejas y cuatro patas, sin distraerse con el color, la altura, el pelaje u otros detalles de un perro en particular. La capacidad de abstraer y generalizar es, como afirma Borges, un aspecto central del pensamiento.

Y en esto también las máquinas tienen todo lo que necesitan para aventajarnos: ven cosas que nosotros no podemos ver. También nos superan ampliamente en la capacidad de identificar, entre millones de características, cuáles son las más eficientes para resolver un problema, y cuáles son las irrelevantes, las que conviene ignorar. Eso es exactamente en lo que las IA son excelsas.

Por eso, una IA puede, en poquísimo tiempo (pero con muchos datos), determinar con mayor precisión si una radiografía muestra algún signo de patología que un médico especializado que ha estudiado durante años. Esto es gracias a esa ventaja fundamental en la capacidad de analizar todas las combinaciones posibles y ver cuáles resultan más informativas. Sobre esta base logran, en algunos dominios, una *performance* sobrehumana en términos de precisión, velocidad y alcance.

De la capacidad de entender a la habilidad de crear

Una vez que una red neuronal logra identificar todas las características que le permiten reconocer algo o a alguien en una imagen, por ejemplo, un gato, la torre Eiffel, o a Barack Obama, se abre una posibilidad inesperada. ¿Qué pasaría si se invirtiera el proceso, poniendo la red neuronal patas arriba? En vez de darle una imagen para que, basándose en sus atributos, determine si eso es un gato o no, le pedimos que, a partir de todo lo que sabe, produzca una imagen que ella misma categorizaría como un gato. La manera en que esto se logra es invirtiendo el flujo de información, utilizando la capa de salida como entrada y viceversa. Se activa la neurona de un gato en la capa más abstracta y esta capa va proyectando hacia atrás, activando primero los atributos de mayor nivel y progresivamente los de menor nivel hasta llegar a los trazos, sombras y ángulos de una imagen que cumple con todos los atributos de un gato genérico. Esta imagen que se produce en las primeras capas de la red es como un sueño. Es una invención nueva: se ha creado un gato que no existía hasta ese momento.

Si bien las redes que vimos en las secciones anteriores ya mostraban cierta capacidad creativa, el mecanismo de inversión que acabamos de presentar cambia abruptamente sus posibilidades. No solo se puede inventar una jugada, sino una imagen, un sonido o una frase. Aquellas cosas que son el combustible de nuestra percepción o el resultado de nuestra imaginación.

El gato que produce la red neuronal no es ninguno de los gatos que vio en su entrenamiento. Es un animal nuevo y único, que cumple con todos los requisitos necesarios para pertenecer a esa categoría. En otras palabras, cada uso es esencialmente un proceso creativo. A este nuevo tipo de redes neuronales se las llamó redes generativas.

La idea era buena pero los resultados iniciales fueron bastante pobres. Los primeros intentos generativos estaban llenos de imperfecciones y engañar al ojo humano no es una tarea sencilla. La solución a este problema llegó de la mano de un informático e ingeniero estadounidense llamado Ian J. Goodfellow, que encontró una manera genial de refinar este proceso. La idea se le ocurrió una noche de 2014, en un bar de la ciudad de Montreal, mientras charlaba con su supervisor de doctorado, Yoshua Bengio, sobre cómo lograr que las redes neuronales produjeran creaciones verosímiles.

¿Por qué no poner dos redes neuronales a competir entre sí para que aprendan de sus errores? Enfrentar a una red generativa —que produce objetos similares a los usados en su entrenamiento— con una discriminadora, que usa su habilidad especialmente afinada para detectar si el material proporcionado es falso o no. Así nació lo que se conoce como Redes Generativas Adversariales o *Generative Adversarial Networks* (GAN). A la discriminadora se le entrega una mezcla de datos reales y otros generados, y debe evaluar e identificar los falsos. Ambas redes reciben *feedback* en cada iteración: si la generadora es descubierta, debilita las conexiones neuronales que llevaron a ese intento fallido. Por el contrario, si logra superar el filtro de la discriminadora, las conexiones que lo han conseguido se fortalecen. Al otro lado, la discriminadora también va aprendiendo de sus aciertos y errores para hacer cada vez mejor su trabajo.

Cuando comienza la contienda entre ambas redes, la generadora funciona de manera bastante burda y los objetos inventados no se parecen mucho a los reales. Por eso, si su objetivo es generar un gato, al principio tendrá alteraciones o problemas evidentes, y esas fallas serán fácilmente detectadas por la discriminadora. Con el paso del tiempo, la red generadora va logrando objetos cada vez más realistas y la red discriminadora empieza a perder algunas batallas y necesita refinar su capacidad para seguir compitiendo. Finalmente, llega un punto en que la generadora le gana la partida a la discriminadora. Empieza a producir objetos tan similares a los reales que ni siquiera una poderosa red neuronal entrenada a tal efecto puede detectar que son falsos. Llegado este punto también es posible engañar al ojo humano.

Este enfoque tiene además otra virtud: a diferencia de lo que ocurre con las redes discriminadoras y con las generadoras sin un oponente, las GAN pueden entrenarse con una cantidad mucho más pequeña de datos. La capacidad de cada una de hacer bien su parte depende ahora menos del material usado para el entrenamiento y más de esta competencia entre ambas. Una vez más, encontramos que las inteligencias artificiales pueden aprender y alcanzar niveles superlativos, sin requerir de la intervención o la habilidad humana.

El mundo visual ha sido, como el juego, el terreno de prueba y espacio de exhibición de los mayores avances en inteligencias artificiales, tanto en el reconocimiento como en la generación. Por eso hemos recurrido a muchos ejemplos de capas profundas en el mundo de la percepción visual. Evidentemente la misma estrategia puede aplicarse para la generación de otro tipo de datos, ya sea sonido para clonar una voz o imagen en movimiento para simular vídeo. Aunque todo parezca igual, no lo es. Porque, como veremos pronto, algo muy especial ocurre cuando aplicamos esta misma idea a la generación de lenguaje. Para verlo, antes necesitamos resolver otro problema.

Los secretos más íntimos del lenguaje

Como vimos, la capacidad de hacer cálculos en paralelo de las GPU dio una nueva vida a las IA, sobre todo en el mundo de la imagen, en el que la información se presenta al unísono. Pero reconocer lenguaje es una tarea bien distinta. Porque el lenguaje, como la música, sucede en el tiempo. Decía la filósofa Susanne Langer que la música es el laboratorio para sentir en el tiempo y algo parecido sucede con las ideas y el lenguaje; la información se expresa de manera secuencial, una palabra detrás de otra, y el sentido de muchas palabras solo puede entenderse de acuerdo con el contexto en que se utilizan: qué viene antes y qué después. Por eso la comprensión del lenguaje está plagada de contexto, de cosas no dichas que se presuponen, y de expectativas que se construyen en el tiempo presente con la información del pasado. Podemos entenderlo con el ejemplo de nuestro amigo Juli Garbulsky: «Es increíble cómo la gente se sorprende cuando una frase no termina exactamente como ellos lechuga». «Lechuga» funciona en esa frase como una nota desafinada, una entrada que está fuera de las expectativas que el cerebro ha ido construyendo, a la velocidad vertiginosa en la que se suceden las palabras en una oración. El lenguaje sucede en el tiempo y no en el espacio. Si en un párrafo mencionamos a una persona específica, habitualmente evitamos ser redundantes y sobreentendemos que el lector recuerda con facilidad lo que ha leído algunos segundos o líneas antes.

Del mismo modo, si nos proponemos que una máquina realice esta tarea lingüística necesitaremos recurrir a referencias que están en el pasado para comprender lo que significan las palabras. Para resolver este problema, a principios de este siglo se utilizó un tipo diferente de red neuronal llamado «redes neuronales recurrentes» (RNN), que incorporan un mecanismo de memoria. Sin embargo, los avances fueron lentos y tortuosos. Y pronto quedó claro que, en este caso, emular al cerebro no era el camino.

La solución llegó en 2017, de la mano de un artículo publicado por investigadores de la Universidad de Toronto, financiado por Google, simpáticamente titulado «Attention is all you need», en alusión a la célebre canción de Los Beatles. Y como ya había hecho la mismísima banda de Liverpool en el mundo de la música, este artículo dio comienzo a una nueva era. Lo curioso es que la idea que iba a cambiar el mundo era relativamente simple: para entender una frase no es necesario revisar todo el contexto, sino elegir bien a qué datos o conceptos mencionados antes es importante prestar atención. «Atención», ahí está la clave. Es todo lo que se necesita. En este artículo seminal se introdujo una nueva arquitectura llamada «transformer», que incorpora justamente un algoritmo para decidir cuánto peso darle a diferentes palabras o elementos de la secuencia o, dicho de otro modo, a qué prestar más atención.

Los transformers funcionan en un ensamble de dos redes profundas, una codificadora y otra decodificadora. La codificadora recibe como entrada una frase y la analiza en múltiples pasos, decidiendo cuál es la información más relevante que se guardará en la memoria para la capa siguiente. Así, logra entender mejor la oración y cómo las palabras se relacionan unas con otras. El salto de calidad en la comprensión del lenguaje natural resultó asombroso, hasta el punto de que soluciones que solo hace unos años podían parecer futuristas, como Siri o Alexa, hoy parecen increíblemente precarias. Una vez procesada la entrada de esta manera, la codificadora le pasa la información a la decodificadora, que es una red generativa que fue entrenada para producir frases verosímiles que resulten indiscernibles de las que formularía un ser humano como respuesta a la frase previa. El objetivo de este artículo era mejorar la traducción automática entre idiomas y ni sus autores ni Google vislumbraron el impacto descomunal que tendría en el futuro. Con este hallazgo, se completaba la última pieza que faltaba para el boom actual de la IA.

Los que sí detectaron rápidamente el potencial de este nuevo tipo de arquitectura para una red neuronal fueron los científicos de OpenAI, una organización sin ánimo de lucro fundada casi un año antes por algunos de los emprendedores más brillantes de Silicon Valley, incluyendo a Elon Musk, Peter Thiel, Reid Hoffman y Sam Altman. Como su nombre indica, la idea detrás de esta iniciativa y este equipo de fundadores tan prominentes era dar transparencia y apertura a las investigaciones más avanzadas en IA. La mayoría de sus creadores tenían la convicción de que los riesgos de la IA eran considerables, y que una tecnología tan poderosa no podía estar en manos de una sola empresa privada. Tampoco podía verse sujeta a los potenciales incentivos perversos que genera la maximización del beneficio económico que mueve a las compañías con fines de lucro. ¿Por qué hablamos en pasado? Porque todo eso cambió un año después, en 2019, cuando OpenAI decidió convertirse en una empresa. La razón esgrimida fue que generar y distribuir ganancias entre sus empleados y accionistas era la única manera de competir con los gigantes tecnológicos como Google, Facebook y Amazon por los dos recursos más necesarios para un proyecto de estas características: el escasísimo talento especializado y el abundante dinero de los fondos de inversión. En aquel momento, descontento con el rumbo que tomaban las cosas, Elon Musk intentó tomar el control de OpenAI, y al no lograrlo se fue dando un portazo.

El cerebro científico del proyecto, Ilya Sutskever, seguramente pase a la historia, para bien o para mal, como uno de los artífices detrás de la generación de inteligencias artificiales sumamente poderosas. Envalentonado por el potencial de los transformers, se propuso hacer un experimento: ¿Qué pasaría si hiciéramos una red neuronal Generativa, Preentrenada y basada en Transformers? Basta unir las iniciales para ver que el experimento fue exitoso, así nace GPT.

En marzo de 2023, durante una entrevista con Forbes, Sutskever contó en qué medida el descubrimiento de los transformers lo cambió todo, y recordó la rapidez con la que aplicaron aquella idea revolucionaria: «Nuestras redes neuronales no estaban preparadas para la tarea [de predecir la siguiente palabra]. Estábamos usando redes neuronales recurrentes. Cuando salió el transformer, [...] ya estaba claro para mí, para nosotros, que los transformers resolvían las limitaciones de las redes neuronales recurrentes para aprender relaciones lejanas. Y así, el muy incipiente esfuerzo de GPT [...] empezó a funcionar mejor, se hizo más grande y más grande. Y eso esencialmente condujo a donde estamos hoy». Ahí está, en pocas frases y en primera persona, la historia reciente de la IA.

La meta de GPT era entrenar un transformer decodificador utilizando un corpus de texto descomunalmente grande, de producciones humanas agregadas durante miles de años. El método, como casi todo lo que hemos ido viendo, no fue muy sofisticado. Tomar una frase, quitar una palabra, y mejorar repetitivamente la capacidad de predecir qué término era la que faltaba. Así se volvió increíblemente efectiva para entender qué palabra va con cuál y, al captar de manera tan profunda la relación entre ellas, adquirió un conocimiento equivalente a entender la gramática del lenguaje: tanto la morfología (qué clase de palabras hay) como la sintaxis (cómo se estructuran y se ordenan). Justamente, fue el algoritmo de atención de los transformers el que le permitió disponer del contexto necesario de cada vocablo en la memoria para lograr este objetivo. Y esto se hizo no para uno, sino para al menos treinta idiomas diferentes.

Entendiendo de esta manera la lógica profunda que subyace detrás de la lengua, GPT puede construir frases increíblemente humanas, prescindiendo de la semántica (saber qué significa cada palabra). Dicho de otra manera, ha aprendido a hablar con un estilo increíblemente humano y a decir cosas interesantes y de gran trascendencia, sin tener la menor idea de lo que está diciendo.

Una vez entrenada de este modo, el siguiente paso era sencillo: usar ese conocimiento para construir respuestas, prediciendo cuál es la palabra más probable que un ser humano usaría a continuación en cada secuencia. Si, por ejemplo, partimos de la frase «Quiero un sándwich de» y analizamos todo lo que han dicho los hispanohablantes en la historia después de eso, podría predecir «jamón» o «queso», y elegir cuál de estas opciones prefiere de acuerdo con el contexto general. A su vez, la decisión que tome crea un nuevo contexto que afectará las elecciones siguientes.

El primer modelo de GPT se lanzó a mediados de 2018. Contaba con 120 millones de parámetros, valores numéricos que podían ajustarse como resultado del entrenamiento. Y se había entrenado con 4 GB de texto, menos información de la que almacenaba una tarjeta de memoria de una cámara de fotos. A partir de ahí, los modelos no pararon de expandirse. Su sucesor, GPT-2, vio la luz en febrero de 2019 y contaba con 1.500 millones de parámetros, entrenados sobre la base de ocho millones de páginas web. Luego vino GPT-3, elevando más de cien veces la capacidad de su antecesor: 175.000 millones de parámetros para procesar 45 TB de datos. Y la versión más reciente, mientras escribimos este libro, es GPT-4, presentada en marzo de 2023. Haciendo honor a que OpenAI hace IA pero ya no es tan «open», el número de parámetros no fue revelado, pero se estima en... ¡1.76 billones! Esto es un uno seguido de doce ceros. Y el volumen de datos usado para entrenarlo se estima en el orden de un petabyte. Para quien nunca haya escuchado esa expresión, esto representa un poco más de un millón de GB.

Este descomunal crecimiento, similar al que fueron teniendo modelos competidores generados por Google, Facebook y otros, dio lugar a un nuevo tipo de IA. A las redes neuronales basadas en transformers, entrenadas con enormes volúmenes de texto para producir lenguaje se los bautizó como LLM (Large Language Models), es decir, Grandes Modelos de Lenguaje. Y parece que el tamaño en esto sí importa. Porque estos nuevos modelos comenzaron a mostrar resultados completamente sorprendentes, ¡incluso para sus propios creadores!

El lenguaje es el sustrato del pensamiento

Con el aumento de escala de los LLM, se abrieron puertas fascinantes e inesperadas. Podemos pensar qué sucede con la adquisición del lenguaje en el desarrollo de un bebé. Aun cuando en los primeros meses logra aprendizajes extraordinarios, todo ese proceso cognitivo adquiere una progresión explosiva cuando consigue combinar arbitrariamente todas sus facultades gracias al uso del lenguaje. Por eso, a ningún padre o a ninguna madre se le escapa que, cuando su hijo empieza a hablar, hay todo un universo nuevo que se abre y el vínculo cambia de manera profunda, impulsado por la amplia ventana de posibilidades que dan las palabras. El uso del lenguaje permite saber a los padres por qué llora su hijo y qué le duele, y sienten una enorme y grata sorpresa cuando este argumenta por primera vez por qué quiere hacer algo, o cuando expresa sus dudas, anhelos, miedos o sueños. Los humanos no somos mejores que el resto de los animales en el reconocimiento de objetos. Nuestra gran singularidad está en el vínculo con el lenguaje. Por eso, los LLM generan una revolución en la IA similar a la que ocurre en la inteligencia humana cuando un niño comienza a balbucear las primeras palabras.

Es que el lenguaje es la materia de la que está hecho el pensamiento humano. Cuando una IA aprende a generar lenguaje, en cierta manera está aprendiendo a pensar, aun cuando por ahora no haya en la máquina un ente que sea sujeto de ese pensamiento. Sin saber nada del significado de las palabras, puede armar un discurso interesante, profundo y coherente, aun cuando en realidad el programa no tiene ni idea de lo que está diciendo. Somos contemporáneos de esa transformación y por eso, en algún punto, también somos ese padre o esa madre que es testigo fascinado de cómo un niño comienza a pensar al articular las primeras palabras. Así como nuestros hijos dicen cosas sorprendentes, que a nosotros nunca se nos hubiesen ocurrido, las IA a veces también encuentran atributos que les permiten superarnos en algunos aspectos de la lengua.

Hace tiempo que venimos registrando avances en el procesamiento del lenguaje natural y del entendimiento de la voz. De hecho, manejar un dispositivo con comandos verbales es posible hace ya más de una década. Pero la experiencia de uso resultaba bastante limitada: muchas veces confunden lo que les decimos y el repertorio de instrucciones que comprenden es bastante acotado. La primera sorpresa con los LLM, especialmente a partir de GPT-3.5, es que muestran un grado de sutileza y profundidad en el entendimiento muy por encima de sus antecesores. Parecen entender la ironía, el humor y otras propiedades sutiles que expresamos en un texto.

Las posibilidades que emergen en la historia de la IA y que hemos ido enumerando alternan entre cambios cualitativos y cuantitativos. Cantidad y calidad muchas veces se entremezclan, como explicó Friedrich Hegel en su libro *Ciencia de la Lógica*: «Cuando hablamos de un crecimiento o una destrucción, siempre imaginamos un crecimiento o desaparición gradual. Sin embargo, hemos visto casos en los que la alteración de la existencia implica no solo una transición de una proporción a otra, sino también una transición, mediante un salto repentino, a algo cualitativamente diferente; una interrupción de un proceso gradual, que difiere cualitativamente del estado anterior». Este fue el mecanismo mediante el cual lo cuantitativo se transformó en cualitativo que propuso Hegel y que luego Karl Marx usó para explicar las grandes transformaciones sociales. Las IA no están exentas de esta regla. Los LLM pueden realizar tareas complejas en poquísimo tiempo, comparado con los meses o años que le llevarían a las pocas personas expertas capaces de realizarlas. La velocidad de estos procesos dará lugar a cambios cualitativos en el valor de una idea, en el número de creaciones que podremos sintetizar y en nuestro vínculo con la educación y con el trabajo.

¿Qué pasaría si un día, en ocasión de una de esas preguntas retóricas que le hacemos a un perro, este decidiera responder de golpe? Si nos dijera, al preguntarle si quiere salir, que lo agradece, pero que prefiere no hacerlo, que está algo melancólico y prefiere quedarse en casa hasta que la tristeza amaine. Quedaríamos atónitos y al segundo fascinados por la enorme cantidad de cosas que a partir de ese momento podríamos compartir con él, y es que el lenguaje es la ventana de acceso más privilegiada a la mente de otra persona o de cualquier otro ser.

Este ejercicio mental sencillo y hogareño nos permite intuir la dimensión del salto cualitativo que implica que las redes neuronales hablen nuestro idioma. Se crea un puente empático que nos da una cercanía nueva y profunda. Al mismo tiempo, nos ofrece un canal de comunicación mucho más amplio, en el que el repertorio de cosas que les podemos pedir se expande en proporción al casi infinito poder del lenguaje y su capacidad combinatoria. Por eso, las redes neuronales que poblaron el mundo sin mayor trascendencia durante décadas, de repente se volvieron celebridades en el momento mismo en el que, transformers mediante, adquirieron el lenguaje. Y, de un día para otro, se pusieron a hablar.

En esa riqueza radica el corazón de lo humano: el lenguaje nos permite contar historias, tener objetivos, creencias, valores, sueños y deseos, pero también tener ideas y poder cambiarlas. Gracias a la manera en que se articula y organiza el pensamiento, nos posibilita entender y describir cada rincón del universo. Bienvenidas las máquinas a este lugar privilegiado que la inteligencia hasta hoy solo reservaba al ser humano.

3

El punto de llegada es un nuevo punto de partida

Saber qué hacer cuando no sabemos qué hacer

En los capítulos anteriores, hemos recorrido el camino que nos llevó a desarrollar máquinas capaces de abstraer, de calcular, de generar ideas propias y originales, de concebir objetos y, en última instancia, de conversar. Todas esas son características propias de la inteligencia. Pero no son las únicas.

Otro rasgo de la inteligencia es, justamente, cuestionarse sobre la naturaleza misma de la inteligencia. Por eso, a lo largo de la historia humana, ha habido tantos intentos de definir de manera exhaustiva y precisa de qué se trata. Pero cada uno de estos intentos ha terminado en un callejón sin salida: «No somos lo suficientemente inteligentes como para definir inteligencia», dice con mucho criterio nuestro amigo físico Gerry Garbulsky.

La inteligencia no se limita únicamente a la capacidad de razonamiento lógico o al procesamiento de información, sino que también involucra, entre otros, aspectos emocionales y sociales, o la relación misma con el cuerpo. ¿O acaso queda alguna duda de que una gran coreografía o una jugada extraordinaria de fútbol son grandes despliegues de inteligencia humana? La gran diversidad de sus manifestaciones hace que sea complejo elaborar una definición acabada y exhaustiva.

Una célebre definición de inteligencia popularmente atribuida al psicólogo y epistemólogo suizo Jean Piaget es: el arte de saber qué hacer cuando no sabemos qué hacer. Es decir, la capacidad de encontrar una solución a una situación compleja que no hemos vivido antes. Según esta definición, la inteligencia es una herramienta versátil y flexible, que nos permite adaptarnos a nuestra realidad, a nuestro entorno, y resolver los problemas que aparecen. Nosotros, para los propósitos de este libro, adoptaremos esa visión amplia. Sabemos que siempre encontraremos excepciones que nos dejarán insatisfechos y con sabor a poco. Aceptamos que el concepto es más rico de lo que podemos capturar en una definición y, ante eso, nos conformamos con acercarnos al término para, en ese movimiento, explorar sus posibilidades.

También es difícil distinguir la inteligencia de otros conceptos, como por ejemplo el de la cultura. Veámoslo a través del siguiente experimento. Un grupo de monos está en una jaula en cuyo suelo hay algunas cajas y desde lo alto de la cual cuelga un racimo de plátanos. Los monos descubren, haciendo gala de un tipo de inteligencia que compartimos con otros primates, que pueden apilar estas cajas para llegar a la parte superior de la jaula y alcanzar los plátanos. Pero en este experimento hay un truco algo malvado: cada vez que uno de ellos está cerca de agarrar la fruta, una repentina ducha de agua helada los moja a todos. Tras varias repeticiones, cuando alguno de los monos comienza a apilar las cajas para trepar en busca de plátanos, los otros lo frenan con cierta violencia porque han aprendido que, si llega alto, terminarán empapados. Cuando este rasgo «cultural» ya está asentado, se reemplaza a uno de los monos de la jaula por uno nuevo que, naturalmente, comienza a apilar las cajas. Apenas comienza, es bruscamente frenado por los demás. Tras algunos intentos, sin entender la razón del castigo, acepta la regla y aprende a no intentar subir. Cuando eso sucede, se suma otro mono nuevo y se repite el proceso. Así se continúa paso a paso hasta que llega un punto en el que ninguno de los monos en la jaula ha experimentado nunca el agua helada. Sin embargo, todos respetan y hacen respetar la regla de que las cajas no deben apilarse. Esa norma cultural es compartida por el grupo, a pesar de que ninguno sepa el porqué.

En este ejemplo vemos muchas manifestaciones de la inteligencia: la idea inicial de apilar las cajas para llegar hasta arriba; la capacidad de concluir que, aun siendo posible subir, conviene no hacerlo; la posibilidad de aprender esa regla y de enseñarla. Vemos también que, pasado un tiempo, la decisión de reprimir el deseo de alcanzar el racimo de plátanos, que puede parecer un reflejo de inteligencia, en realidad quizá no lo sea. Es, más bien, el reflejo de la inteligencia de generaciones anteriores expresada en forma de cultura. Si en algún momento el mecanismo del agua fría fuera desactivado, los monos no cambarían su comportamiento. Este es un ejemplo de laboratorio del concepto de «servidumbre voluntaria» que introdujo el filósofo francés Étienne de la Boétie hace más de quinientos años. Este concepto nos servirá como guía en los capítulos que siguen para evitar que nosotros mismos, primates humanos, inmersos en un mundo de algoritmos, y a los que cada tanto riegan con agua helada, dejemos de apilar cajas sin saber por qué.

Solemos entender la capacidad de aprender como uno de los rasgos distintivos de la inteligencia humana. Pero en realidad está extendida en el mundo animal y hasta organismos muy sencillos la tienen. De hecho, los mecanismos del aprendizaje se han descubierto en gran medida estudiando al *Caenorhabditis elegans*, un gusano de menos de un milímetro de longitud, que tiene un 80 por ciento de genes homólogos a los del ser humano. El análisis exhaustivo de la babosa de mar *Aplysia californica* llevó también al premio Nobel Eric Kandel a descubrir la mecánica molecular y celular de la memoria. Aprender, entonces, no es un rasgo propio de la especie humana, aunque muchas veces lo creamos. En cambio, lo que es menos común es la habilidad que tiene nuestra especie para enseñar, para propagar el conocimiento como un virus contagioso. Puede decirse que más que una habilidad, es una vocación irrefrenable: la voracidad por compartir lo que hemos hecho o lo que conocemos es una pulsión tan innata como beber o buscar alimento. No nacemos sabiendo enseñar, como tampoco nacemos sabiendo caminar o hablar, pero hay un programa de desarrollo que promueve y estimula esta habilidad y que se pone en marcha en las primeras semanas de vida. Y el resultado de esta vocación por compartir lo descubierto es el vasto repertorio de la cultura humana, con obras que van desde las esculturas de Miguel Ángel, a las sinfonías de Mozart, los goles de Maradona o el teorema de Pitágoras. Cada una de estas creaciones es consecuencia del proceso reiterado de aplicar la creatividad e inteligencia de una época sobre la cultura y conceptos generados anteriormente, para alcanzar estratos cada vez más sofisticados.

Podemos distinguir la inteligencia del aprendizaje y de la cultura con un ejercicio mental. ¿Qué le ocurriría a una persona adulta nacida hace diez mil años si la trajéramos al presente? A pesar de tener un cerebro morfológicamente igual al nuestro, no podría acomodarse a la vida moderna: no hablaría la lengua, no sabría cruzar la calle ni subir a un ascensor, no entendería qué significa que alguien le guiñe un ojo. Esa persona parece desprovista de inteligencia, pero no es así. Tiene una laguna cultural. Esto queda más claro si pensamos que un bebé nacido hace diez mil años, transportado al presente y criado aquí sería indistinguible de cualquiera de nosotros y viviría una vida normal.

Nuestro cerebro es prácticamente igual al de nuestros antecesores de hace diez mil años, lo que nos diferencia es una inteligencia cultivada y agregada en una historia educativa y cultural. La inteligencia, entonces, es acumulativa. Esto es cierto para todas las inteligencias, artificiales o humanas. Muchas IA hoy nos sorprenden no porque sean más inteligentes, sino simplemente porque son más cultas. Aplican la misma inteligencia a un repertorio más sofisticado de ideas, cocinado en ciclos de inteligencia sucesivos que, en silicio, en vez de producirse en miles de años, se realizan en pocos días.

¿Cómo se construye una inteligencia?

Cuando Alan Turing dio los primeros pasos en la creación de la IA, tomó un camino bastante pragmático. Se propuso emular la inteligencia que mejor conocía: la suya. Observó y buscó imitar sus propios razonamientos, y fue pionero en generar un laboratorio de autoobservación para explorar las posibilidades y los límites de la mente humana. Por eso la IA fue, en su origen, un lugar de confluencia entre la psicología y la filosofía de la mente. Replicar la inteligencia era una forma de entenderla y entenderla era una forma de replicarla. Este parece el camino más simple e intuitivo para emular cualquier habilidad. Por ejemplo, en las primeras concepciones de máquinas voladoras, se usaban alas ligeras que subían y bajaban a gran velocidad para intentar lograr sostenerse. Buscábamos volar imitando el mejor ejemplo de una «máquina» voladora que conocíamos: los pájaros. De igual forma, en los orígenes de la IA buscamos imitar los modos y capacidades de la especie más inteligente que conocíamos: la humana.

Sin embargo, la historia de la aeronáutica pronto toma un camino muy distinto. Nuestra comprensión de la física de la sustentación, la propulsión, la gravedad y la aerodinámica nos permitió desarrollar artefactos capaces de volar de maneras que poco tienen que ver con el vuelo de las aves o los insectos. Independizarnos del modo en que vuelan otros organismos permitió que nuestras máquinas voladoras alcanzaran mayor velocidad, transportaran significativamente más carga y gozaran de una autonomía más amplia.

De la misma manera, hemos resuelto el problema de la movilidad sin imitar la caminata ni el galope de un caballo. La rueda nos ha resultado un medio mucho más conveniente para optimizar nuestro transporte y hemos fabricado carros, trenes, motos y automóviles que superan la velocidad de locomoción de cualquier especie. Abstraer un problema, identificar sus principios fundamentales e independizarlo de la solución particular que se encontró para él en el reino de los seres vivos, nos ha llevado a desarrollar microscopios que ven átomos, telescopios que logran captar señales del origen mismo del universo, cohetes que vuelan a la luna, aterrizan y vuelven, y dispositivos que nos permiten comunicarnos con gente en cualquier rincón del planeta.

Primero imitar, después trascender

En el estadio actual de la IA, nos hemos alejado solo un poco del camino de la imitación. Pasamos de intentar copiar el fenómeno de la inteligencia humana a inspirarnos en el órgano que la produce: el cerebro. Las redes neuronales, construidas emulando la estructura del cerebro humano, son la matriz sobre la que se desarrolla casi toda la IA presente. Esto puede cambiar en cualquier momento, pues ya empiezan a asomar algunas limitaciones puntuales de esta tecnología. La arquitectura de las redes actuales no se adapta bien a ciertos problemas, como la criptografía avanzada, que es una de las principales impulsoras de métodos alternativos como la computación cuántica. Este posiblemente sea el viaje transatlántico o espacial de la inteligencia. Un lugar en el que ya no sea suficiente con imitarnos, sino para el que harán falta nuevos principios, nuevas arquitecturas. Es de suponer que las redes neuronales delegarán en algún momento su reinado sobre la IA en otras formas de resolver el problema que hoy ni siquiera podemos concebir y, probablemente, las IA mismas sean quienes las descubran.

Pero las redes neuronales presentan también algunas diferencias importantes en relación con el cerebro. Su cómputo se basa en ceros y unos, en conexiones estables y duraderas, con bajísimo nivel de ruido y sin una impronta de estructura previa. El cerebro humano es lo contrario: sus neuronas tienen una dinámica compleja con todo un rango de gradaciones. Sus conexiones se hacen y deshacen permanentemente, hay un ruido de fondo que es fundamental para el buen funcionamiento cerebral y, además, el cerebro, desde el día en que nacemos, tiene una arquitectura muy definida que incide en la manera en la que vemos, en la que oímos, en la que nos movemos y en la que pensamos. Las redes neuronales empiezan en una *tabula rasa*. El cerebro humano es todo menos eso.

Hasta la llegada de las redes neuronales, la IA se resolvía programando un ordenador. Un programa es una serie de instrucciones en las que se le indica paso a paso a la máquina lo que tiene que hacer. Se sabe exactamente qué hace, y cómo lo hace. En cambio, las redes neuronales son estructuras versátiles que aprenden sobre la base de grandes volúmenes de datos y encuentran soluciones a problemas que no solo no conocemos, sino que en muchos casos no podríamos visualizar. Como hemos visto en el capítulo anterior, una red neuronal descubre atributos, o representaciones intermedias, que le permiten aprender a realizar tareas. Muchas veces encuentran una forma particular de hacerlo que no se nos hubiera ocurrido jamás. Y otras tantas, estos circuitos, que se han adquirido en el entrenamiento para resolver un problema, les permiten resolver otros inesperados, sin que quien desarrolló esa red neuronal hubiese podido adivinarlo de antemano. Por eso, esta generación de IA es sorprendente. Las redes neuronales son una caja de sorpresas y eso, a la vez, les da un halo de misterio. Heredan el interés que siempre ha despertado en nosotros nuestra propia actividad cerebral. De hecho, algunas IA empiezan a estudiarse a sí mismas. Son neurocientíficas artificiales que indagan sobre sus propias representaciones para entender cómo funciona su «mente» y su «cerebro».

En las secciones anteriores, hemos esbozado lo que parece una paradoja. Conocemos muy poco del cerebro humano, no sabemos cómo son los mecanismos de la inteligencia, pero podemos ensamblar máquinas y programas que empiezan a dar muestras de poseerla. Replicar la mente humana sin entenderla del todo hace que sea complejo advertir qué principios hay detrás, qué piezas faltan y, además, deja mucho lugar a las sorpresas. Aparecen propiedades emergentes que no comprendemos del todo. Esta forma arriesgada, y quizá poco inteligente, de acercarnos a la IA la vuelve bastante impredecible.

No es la primera vez en la historia que creamos algo sin saber de que se trata o cómo funciona. En la prehistoria el hombre primitivo descubrió el fuego. Sabía encenderlo y apagarlo, y conocía los beneficios que podía obtener de él, desde cocinar alimentos hasta calentarse en los días fríos. También entendía su peligro y podía protegerse de que le hiciera daño. Sin embargo, desconocía por completo su naturaleza: qué era, por qué se comportaba de esa manera, y por qué producía esos efectos. Haber aprendido a manipular el fuego nos enseñó mucho de él. Con la inteligencia tal vez pase algo parecido, que el ejercicio de encenderla, apagarla, manipularla y usarla, aún sin terminar de comprender su naturaleza, nos lleve, finalmente, a descifrarla. De ser así, habremos honrado a Turing, que concibió este campo precisamente con ese anhelo.

Educar una máquina

¿Cómo descubre una red neuronal las palabras, las ideas, el estilo de Shakespeare o el buen uso del lunfardo? ¿Cómo se entrena una mente artificial? Esta pregunta nos remite a una vieja discusión filosófica, en el corazón de la visión socrática, sobre cómo se entrena nuestra propia mente. Un camino posible es el de AlphaGo, que se entrenó estudiando millones de partidas. Este es el camino más convencional pero no el único. Hay otra forma muy distinta para entrenar la inteligencia. La de Sócrates y Platón. Aprender preguntando, sin que nadie nos enseñe. Pensemos en este problema, por ejemplo: un ascensor tiene dos botones, uno para subir siete pisos y otro para bajar dos. Hay que ir al piso 24. ¿Cómo vamos? Encontrar la solución lleva un rato de cálculo interno, de pensar la estrategia, de identificar, entre todo nuestro conocimiento, aquel que es relevante para resolver problemas de este estilo. Y así, sin que nadie nos lo diga, llegamos a una solución. De este modo, según Sócrates, descubrimos todo lo que sabemos. Y así aprenden muchas de las inteligencias artificiales más poderosas. Solas. Sin que nadie les enseñe.

Esta es la diferencia sustancial entre AlphaGo y AlphaZero. La primera aprendió observando el comportamiento humano. La segunda aprendió sola. Jugando contra ella misma. Nosotros también utilizamos estas dos formas de aprendizaje y descubrimiento. Nos parecemos a AlphaGo cuando buscamos en Google o consultamos un libro para informarnos sobre algo que no conocemos. Otras veces, tomamos el camino de AlphaZero. Aceptamos que no entendemos algo, barajamos las cartas de nuestras ideas y logramos llegar a un resultado gracias a la capacidad de enseñarnos a nosotros mismos. Aprendemos simulando la realidad, sin necesidad de experimentarla. ¿No es fascinante pensar que sin agregar información nueva, nuestra mente, en un momento «Ajá», sepa algo que minutos antes no sabía?

Los humanos y otros animales aprendemos «por simulación» en dos lugares paradigmáticos: el juego y el sueño. En el juego infantil se descubre la coordinación sensoriomotora, pero también se aprende a calcular, a argumentar y otros cimientos de la cognición social como la provocación, la trampa, el desafío. Pintar una pared es, para un niño pequeño, una manera de experimentar con colores y materiales, pero también con la psicología de la libertad y del enfado. Algo similar ocurre durante el sueño, un espacio en el que exploramos hipótesis: ¿Qué pasa si me muero? ¿Qué pasa si alguien me deja? El juego y los sueños ponen a nuestra disposición escenarios que la vida no nos da la oportunidad de probar.

La capacidad de enseñarnos a nosotros mismos, de descubrir por el ejercicio de exploración y no de adquisición de información permite que el conocimiento vaya aumentando generación tras generación. Y esto pone en jaque a una intuición común sobre el límite de la inteligencia de las máquinas. Solemos pensar que ellas no pueden superar la inteligencia humana porque, justamente, fueron pensadas, diseñadas y entrenadas por personas. Ese razonamiento esconde una gran falacia que ya visitamos: sabemos que el discípulo puede superar al maestro. Las redes neuronales pueden identificar atributos que son indistinguibles para nosotros y así realizar tareas con habilidad sobrehumana. Pueden descubrir y aprender cosas que nadie les ha enseñado. La IA, con esta capacidad, puede llegar a lugares que sus maestros no podemos siquiera imaginar.

UN HALO DE MISTERIO

Cuando un mago nos engaña con una ilusión, nos intriga saber cómo la hace. Sabemos que ha hecho un truco, pero mientras no lo descifremos, sentimos sorpresa y fascinación. En los inicios de la IA, se buscaba «entender el truco» de la inteligencia para así expresarla como una serie de instrucciones que se asemejaban a una receta de cocina. Por eso, en esos días, las IA perdían su encanto en el preciso momento en que lograban algo. A medida que la ciencia avanzaba, la delimitación entre lo que era y no era inteligencia iba cambiando, el desafío se renovaba y la definición funcionaba como una suerte de idea aspiracional: inteligencia es todo lo que las máquinas no hacen.

La camada de inteligencias artificiales que surgieron a partir del aprendizaje profundo y las inteligencias generativas alcanzaron logros e hicieron avances que seguimos sin entender del todo cómo se consiguieron, y es esa zona todavía indescifrable la que mantiene vivo el misterio y nos permite sentir que son, finalmente, inteligentes. Esta es una nueva forma de vincularnos con ellas, esta vez desde la emoción. No se trata ahora de entender la inteligencia, sino de cómo nos hace sentir. Y aquí la esencia es el misterio.

Al jugador de ajedrez cubano José Raúl Capablanca, le preguntaron en una ocasión cuántas jugadas calculaba antes de decidir qué pieza mover. Su respuesta fue: «Una sola, la mejor». Con su enigmática contestación, Capablanca abonaba el paradigma misterioso de la inteligencia: su cerebro operaba gracias a una red neuronal entrenada para determinar cuál era la mejor jugada pero no podía explicarla; ahí radicaba su halo de intriga. De la misma forma, en una de las primeras entrevistas a un jovencísimo Fernando Alonso, le preguntaron qué pensaba mientras conducía a 300 kilómetros por hora, mientras manejaba una cantidad descomunal de botones y pedales en fracciones de segundo. Su respuesta fue bastante sintética: «No pienso».

Turing representa el pensamiento consciente, el menos misterioso, el que nos permite explicar cómo hacemos las cosas. Por otra parte estarían Capablanca y Alonso, representando la dimensión inconsciente, la que interviene cuando nos enamoramos, alguien nos cae bien, y todas las cosas que sabemos o hacemos sin saber cómo o por qué. El instinto y las corazonadas están en el núcleo del pensamiento inconsciente, de las capas profundas de la red neuronal del cerebro humano. Mientras Turochamp imitaba el pensamiento consciente, las *deep learning* intentan emular el pensamiento inconsciente. Veremos cuando nos acerquemos al presente y al futuro, que una nueva generación de IA combina ya estos dos mundos, asemejándose un poco más al cerebro humano, en la medida en que logra articular ambas formas del pensamiento.

En la década de 1980, el informático austriaco Hans Moravec observó que para las máquinas es más difícil aprender algunas tareas aparentemente simples que otras mucho más complejas. Moravec introdujo la paradoja que lleva su nombre y aborda la relación entre el pensamiento consciente e inconsciente. Dice así: «Es relativamente fácil hacer que los ordenadores muestren capacidades similares a las de un humano adulto en test de inteligencia o en el juego de damas, y difícil o imposible lograr que posean las habilidades perceptivas y motrices de un bebé de un año». Según Moravec, las habilidades que resultan difíciles para los humanos, como resolver problemas matemáticos o programar, son en realidad más fáciles de realizar para los ordenadores. Por otro lado, las habilidades que nos parecen simples, como caminar o agarrar un huevo con la fuerza justa para que no se caiga ni se rompa, resultan extremadamente difíciles de programar en una máquina.

Esto se debe a que el razonamiento, la planificación estratégica y la resolución de problemas abstractos son relativamente recientes en términos evolutivos, mientras que las habilidades motoras y perceptivas, como movernos, tomar objetos o reconocer caras, son mucho más antiguas; esas capacidades de nuestro pensamiento operan en una capa profunda sin que seamos conscientes de lo que está sucediendo.

Un ejemplo claro de esto se dio en la historia del ajedrez: resultó más fácil crear un programa capaz de pensar en las jugadas que uno que pudiera levantar y mover las piezas. La victoria de Deep Blue sobre Kaspárov mostró con claridad estas dos caras de la IA: una máquina decidía de manera impecable las movidas, pero era necesaria una persona que ejecutara por ella los movimientos en el tablero con la precisión y destreza de las que solo un ser humano disponía.

Sobre la efectividad y la empatía

La IA hasta hoy se utilizaba principalmente para resolver cuestiones operativas. Por ejemplo, pilotar un avión, optimizar los semáforos de una ciudad, operar con precisión un órgano humano o identificar un tumor en una imagen médica. En esas instancias, no nos importa tanto entender cómo logran lo que hacen, sino simplemente que lo hagan bien. Los programas de ajedrez actuales que superan a los mejores humanos también nos sorprenden: no piensan como nosotros y por eso llegan a lugares que nos resultan inalcanzables. Pero este conglomerado de máquinas útiles y eficientes tiene una limitación: no son empáticas. Como el genio que nunca fracasa, que resuelve situaciones que nadie más podría resolver, genera admiración pero no cercanía. A los humanos nos gusta entendernos, jugar y lidiar con otros humanos fallidos como nosotros. Nos gustamos a nosotros mismos y nos gustan otras especies o máquinas mientras podamos proyectarnos e identificarnos con ellas.

Como ya hemos visto, con la llegada de los LLM la IA se interna en terrenos novedosos, mucho más cercanos a la creatividad y al ingenio que a las tareas mecánicas. Adquiere una forma de conversación en apariencia humana, que nos genera una inesperada sensación de cercanía. Ya había aparecido un anticipo en Eliza, con la que todos querían conversar, no porque fuese extraordinaria ni porque hiciese cálculos virtuosos, sino simplemente porque parecía sorprendentemente humana. Este es el cierre del bucle: en los experimentos de Turing y en Eliza, la IA había sido un intento por entender lo más sorprendente de la condición humana. Luego la investigación en IA se fue durante décadas de excursión a un mundo pragmático y eficiente donde lo relevante era resolver bien un problema, sin importar la manera. De repente, el camino nos trae de vuelta a casa, al lugar de la conversación, del juego de imitación, de una máquina que se confunde con uno de nosotros. En nuestros aciertos pero también en nuestras imprecisiones.

Nos vamos acostumbrando a vincularnos con las inteligencias artificiales porque ya hablan con nosotros, hacen resúmenes, dan consejos y juegan. Apreciamos la respuesta que nos ofrece ChatGPT porque empatiza con nuestra forma de escribir y de percibir la escritura. Sucede así porque estas IA se han entrenado con datos de la cultura humana, que han digerido entera, y las cosas que se les ocurren se estructuran sobre todo ese conocimiento.

Sin embargo, sabemos que la imitación está muy cerca de la impostura, y detalles ínfimos conducen del amor al desprecio. Si no, que le pregunten a una rata por qué leves diferencias en su apariencia la hacen repulsiva frente a una ardilla, que la mayoría de gente encuentra adorable. Y es que la curiosidad que nos genera vincularnos con otras inteligencias (o simplemente con otros entes) se encuentra con roces y reparos bastante estereotipados. En 1970, el robotista japonés Masahiro Mori llamó «valle inquietante» a la respuesta emocional negativa que experimenta una persona cuando se encuentra con un objeto o un ser humanoide que es casi, pero no del todo, realista. A medida que los robots humanoides se vuelven más parecidos a los seres humanos en apariencia y comportamiento, generalmente despiertan una mayor empatía y aceptación por parte de las personas. Sin embargo, hay un punto en el que la semejanza se acerca lo suficiente a la realidad como para resultar familiar, pero con algunos detalles o características sutiles que delatan la casi perfecta impostura. Justo en ese punto, sentimos una sensación de inquietud y repulsión hacia el robot, y la empatía se desploma. No hay nada más molesto que algo que se parece mucho a una persona, sin serlo. Lo ligeramente falso suele generar mucho malestar.

El «valle inquietante» de Mori se mide con la vara de la imitación perfecta. ¿Y si un robot pasase del otro lado de esa vara? ¿Puede la imitación de una inteligencia ser más inteligente, e incluso de aspecto más humano, que los humanos que la han creado? Empezamos esta sección viendo que hemos fabricado microscopios y telescopios que nos permiten ver lo que el ojo no ve, y máquinas que vuelan más alto y más lejos que cualquier ave. ¿Qué va a pasar con la inteligencia artificial cuando llegue a sitios que la nuestra es incapaz de alcanzar y quizá hasta de concebir? En este caso parece haber algo sustancialmente distinto que en el resto de máquinas, autómatas y artefactos. Algo que es transversal a todo el contenido de este libro y que aparece en cada capítulo en distintas manifestaciones. La inteligencia es el rasgo más preciado que tenemos, el orgullo de nuestra especie. Si mandáramos al espacio un arca con creaciones humanas, no mandaríamos nuestro copioso sudor como forma de mantener la regulación térmica, ni disecciones de rodillas y codos para mostrar la versatilidad articulatoria de un miembro. Irían canciones, poemas, cartas, pinturas. En fin, distintas expresiones de la inteligencia y la cultura.

Por esto mismo a nadie le ofende que un coche sea más rápido que nosotros, pero sí nos inquieta que una máquina piense mejor. Porque nos toca en la fibra más íntima. ¿Qué sentiríamos, en definitiva, si hubiese una especie de entes artificiales mucho más inteligentes que nosotros? Parte del temor es evidente. Serán mejores en aquella cualidad que nos hizo lo que somos. Porque, para bien y para mal, edificios, catedrales, imprentas, basureros, guerras, bombas, cartas de amor, telescopios, teoremas y circos son ejemplos de nuestras creaciones. No somos una especie particularmente rápida, ni fuerte, ni resiliente. La inteligencia es la herramienta con la que hemos creído gobernar el mundo e impuesto nuestra voluntad sobre las demás criaturas. Hacemos bien en temer lo que pueda pasar cuando alguien o algo nos supere, y pueda ser quien decida si andamos sueltos, con correas, o enjaulados.

Ese oscuro objeto del deseo

La función de valor, que ya presentamos hace poco, es el eslabón fundamental del mecanismo de aprendizaje que está en el corazón de la IA. La regla es simple: hay que lograr optimizar algo. Esto puede ser ganar al ajedrez, lograr que la pelota que lanzamos caiga justo en el aro, que un vídeo en TikTok sea visto por mucha gente o ganar una elección parlamentaria; da igual. El punto es que ejecutamos acciones y vemos los resultados. Si agregamos, por ejemplo, texto a un vídeo y nos damos cuenta de que esto hace que lo vea más gente, repetiremos el proceso. Esto tan simple, repetido en millones y millones de ensayos, permite encontrar la receta justa que hace que un movimiento del brazo sea el preciso para que la pelota entre en el aro o que mover un caballo de una manera imprevista sea la jugada ganadora. El método funciona por tres razones vitales que conviene tener en mente, porque no estarán siempre presentes y ahí el plan de aprendizaje se complica:

1. Poder observar de manera clara los resultados de la acción que llevamos a cabo.

2. Disponer de una función de valor que nos permita medir de manera precisa si ese acto ha generado efectos positivos o negativos, para fortalecer o debilitar los parámetros del modelo.
3. Disponer de una cantidad gigantesca de estas pruebas y errores, para llegar a los valores ideales para esos miles de parámetros que permiten predecir cómo es conveniente seguir.

El asunto más espinoso de los tres suele ser el segundo: definir cuál es la función de valor que establece qué es lo que queremos lograr. Y esto es porque la función de valoración es arbitraria, define un objetivo y en cierta manera una moral, o una teleología. Condensa la base práctica y filosófica por la que, en última instancia, hacemos las cosas.

En cuanto nos apartamos de dominios claramente delimitados, objetivamente medibles, se puede volver muy borroso establecer cuál es la función de valor que hay que optimizar. ¿Cómo conducir un coche? ¿Cómo cuidar a una persona mayor? ¿Qué comer para sentirnos mejor? En cuanto queremos que una IA nos dé respuestas sobre cuestiones que cambian nuestra vida, este asunto adopta otra relevancia: ¿cuál es la función de valor de la vida? El dicho popular «cuidado con lo que deseamos» refleja bien un riesgo relacionado con esto, tanto en lo humano como en los artificios que hemos inventado. Es el peligro de la función de valor equivocada: perseguir una meta y darnos cuenta al alcanzarla de que no era lo que esperábamos; o detectar que, en el proceso, hemos sacrificado otros aspectos de la vida que eran, a fin de cuentas, mucho más relevantes. Los ejemplos son de lo más variado: con quién pasamos nuestro tiempo, las cosas por las que nos preocupamos, en qué invertimos nuestros ingresos, lo que estudiamos o no, cómo reaccionamos frente a una discusión callejera. En cada uno de estos ejemplos, el cerebro decide, sin previo aviso, cuál es la función de valor que va a optimizar. Pasamos más tiempo pensando cómo alcanzar un objetivo que nos hemos propuesto que preguntándonos si tal vez no deberíamos cambiar la meta que perseguimos.

El informático británico Stuart Russell se ha ocupado de este asunto identificando cuáles son las ideas para que una IA esté verdaderamente alineada con los objetivos, más grandes y trascendentes, de la especie humana. Para eso, ha tomado el siguiente ejemplo: «Si introduces un objetivo en una máquina, algo simple como "traer el café", la máquina se dice a sí misma: "Bueno, ¿cómo podría fallar en traer el café? Alguien podría apagarme. De acuerdo, tengo que tomar medidas para evitar eso. Desactivaré mi interruptor de apagado. Haré cualquier cosa para defenderme de lo que interfiera con mi objetivo". Esta búsqueda obstinada de un modo muy defensivo para cumplir un objetivo no está alineada con los principios de la especie humana». Este es el problema de una función de valor equivocada que establece un objetivo simple (llegar a tiempo a un destino, llevar un café) olvidando que hay otro conjunto de principios con los que este objetivo tiene que convivir: no atropellar a nadie por el camino, no hacer daño, no matar... Algunos de estos principios son obvios. Otros no tanto, y esa es la razón por la que no logramos ponernos de acuerdo acerca de ellos desde hace miles de años. Mientras, Russell señala tres principios que pueden guiarnos en este lío: el altruismo (el gran objetivo de la máquina tiene que apuntar a maximizar la realización de los valores humanos), la humildad (la máquina inicialmente siente incertidumbre acerca de cuáles son las preferencias humanas) y el hecho de que el aprendizaje debe provenir de los humanos (que la máquina evite otras fuentes de información que no sean humanas).

El ejemplo del café pone de manifiesto un problema que está en la esencia de la filosofía, la teleología y el derecho: la ambigüedad en las interpretaciones y las indefectibles omisiones en cualquier texto que pretenda sintetizar los fundamentos de la moral. Para mostrar que esto es algo esencial al lenguaje, el profesor de computación científica de la Universidad de Harvard, David Malan, pone en evidencia el problema de la imprecisión y la ambigüedad del lenguaje en un dominio muchísimo más simple que el de la moral. ¿Cómo dar las indicaciones para que otra persona haga un sándwich de pan y mermelada? En un experimento que hizo con sus alumnos, les pidió que le dieran las instrucciones paso a paso para hacerlo. David Malan cumple las instrucciones a rajatabla (como un robot, diríamos), y el resultado es que una y otra vez fracasa en un objetivo tan simple. Después de muchos intentos fallidos y panes desperdiciados, el experimento mostró que para que la comunicación funcione bien, aun en las tareas más simples, una persona o una inteligencia artificial tienen que estar embebidas de todo ese contexto que muchas veces se da por sentado. Por ejemplo, si uno de sus estudiantes dictaba como primer paso «Abra la bolsa de pan» se asume que el profesor no tenía que romper o dejar caer las rebanadas en el proceso, pero esto no se expresaba en la instrucción.

Un niño posee numerosas intuiciones sobre cómo realizar tareas, y es probable que, al preparar un sándwich, evite muchos de los malentendidos en los que una IA podría caer. Afinar y precisar el proceso de instrucción resulta clave en este momento en el que las IA resuelven cosas mucho más relevantes que hacer un pan con mermelada. Pequeños errores u omisiones pueden llevar a problemas sustanciales.

Lo que estamos viendo parece un inconveniente de las máquinas, de las inteligencias artificiales. Pero, en realidad, es un problema en la esencia de lo humano que solo se hace explícito cuando aparecen programas que realizan acciones que ponderan nuestros valores. Es que solemos pensar en la IA como una suerte de alienígena que viene de fuera a rivalizar con nuestra especie. Esta interpretación pasa por alto que las máquinas fueron hechas por nosotros y aprenden de nuestros textos y acciones. Con cada uno de ellos van heredando nuestros principios. Incluso cuando aprenden solas, son humanos quienes escriben la función de valor, al menos por ahora. Nuestra impronta está tan presente que, en algún punto, nos obliga a preguntarnos cuáles son nuestros valores y hasta qué punto son convencionales o universales. Lejos de ser alienígena, la IA funciona como un espejo que refleja todas las maravillosas capacidades humanas que han sido necesarias para llegar a esos desarrollos, pero también los defectos y vicios de nuestra propia condición.

4

El arte de conversar

Convivir con otra inteligencia

Cuenta el escritor Luis Pescetti que nacer y convivir vienen juntos. Que desde el momento en que llegamos al mundo, sin saber hablar, ya tenemos alguna intuición sobre cómo negociar con una madre o un hermano. Sobre cómo convivir. Con el tiempo hacemos extensivas estas intuiciones a todo tipo de vínculos, amistosos, laborales y familiares. Y también a los vínculos con perros, gatos, plantas. Más tarde con coches, cortadoras de césped, radios, televisiones. Y, más recientemente, con entes etéreos en forma de algoritmos. De algunas convivencias ni siquiera nos enteramos. Algunos viven toda la vida en un edificio sin saber quién vive al otro lado de la pared.

Pues bien, todos vivimos a centímetros de inteligencias que son mucho más intrusivas que un vecino silencioso. Y conviene presentarse. O, al menos, que nos las presenten. Porque la convivencia con la IA es un asunto del presente y no solo del futuro como suponemos: hace ya tiempo que muchos delegamos en las IA la elección del camino para ir de un lugar a otro, de la música que escuchamos o de la persona con quién saldremos un sábado por la noche.

Con el desarrollo de las IA generativas, su presencia será mucho más notoria y ubicua en nuestras vidas. Las reglas de convivencia son bastante elementales. Como decía Pescetti, nacemos con ellas. Convivir no siempre es sencillo e implica hacer concesiones y aceptar al otro con sus virtudes y sus defectos. Podemos pensar este apartado como la terapia de pareja en un matrimonio cibernético, una guía para buscar algunas pautas que nos ayuden a construir un buen vínculo en el concubinato con la inteligencia artificial del que, de una forma u otra, todos seremos partícipes. Nos enfocaremos principalmente en un vínculo que se ha vuelto un tema central de discusión estos días, el del ChatGPT. O, más generalmente, el de las inteligencias conversacionales, en las que tanto lo que nosotros le proponemos al algoritmo como lo que la red nos responde se expresa en palabras. Lo haremos con la intención de que la lógica pueda trasladarse a otro tipo de materiales y a otras herramientas, las que producen imágenes, o vídeos, o voces y tantas otras aplicaciones que seguramente se harán famosas en los años venideros.

Te quiero, no te quiero

La capacidad expresiva, los aciertos y los errores de una IA generativa no dependen solo de su estructura de cómputo, sino de cómo nos vinculamos con ella. Y esta relación admite matices muy variados. A veces, la ponemos espontáneamente en el lugar de un dios, por ejemplo, en algunos artículos soporíferos titulados: «La IA determina quién es el mejor jugador de la historia» o «La IA dice cuáles son los diez libros más importantes» en las que se le pide que llegue a conclusiones sobre temas que nosotros no podemos resolver. Otras veces, nos irritamos cuando falla y a la vez celebramos sus errores, como si la falla de la máquina exaltase el valor de lo humano. Esto es lo irónico: los que más demonizan a la IA lo hacen porque esperan, en cierta medida, que se comporte como un dios.

En esa pretensión de verla como un semidios, en ocasiones se pone el listón increíblemente alto. Por ejemplo, pidiéndole que escriba un poema al estilo de León Felipe, para luego reaccionar con desdén cuando el resultado deja bastante que desear. Lo cierto es que lo mismo ocurrirá si le pedimos a cualquier persona, aunque sean buenos poetas, el mismo ejercicio. Y lo cierto también es que hoy GPT escribe mejor que la gran mayoría de la gente. No escribe como Haruki Murakami, ni como Doris Lessing, pero su escritura, con algunos matices de estilo que sin duda se resolverán muy pronto, es bastante digna. En el fondo esperamos que la IA sea mejor que nosotros en todo: la mejor escritora, la mejor matemática, la mejor artista, la mejor compañera de viaje. No percibimos la enorme variedad de tareas que le pedimos y que resuelve bien, y muchas veces, decepcionados y algo enrarecidos, ponemos el foco en aquellas que no resuelve.

A veces buscamos deliberadamente confundirla y engañarla como a un niño, y descubrimos que este sistema sofisticado presenta a la vez facetas muy ingenuas. Pero esta ingenuidad es un arma de doble filo: hace que las inteligencias sean menos efectivas, pero también les da rasgos muy humanos que generan empatía.

Así de curioso y mojigato es el vínculo que solemos establecer con una IA conversacional: la despreciamos por tonta cuando no logra algo, pero la despreciamos aún más, por lista, cuando lo logra. Si hace imitaciones perfectas, nos parece monstruosa, y si es imperfecta, nos parece fallida. Este elemento resulta clave en lo que atañe a este capítulo: ¿cómo sacar lo mejor de esta nueva herramienta? En todas las conversaciones, con máquinas o con seres humanos, la disposición con la que nos aproximamos es decisiva. Se da una suerte de profecía autocumplida. Si nos acercamos con ánimo de descubrir, asimilaremos las voces, ideas y perspectivas que nos proponen y reconoceremos el valor singular de poder ver por un momento el mundo a través de los ojos de otra persona. Pondremos en duda nuestras ideas y veremos cuáles sobreviven y cuáles no. En definitiva, estaremos revisando nuestro pensamiento. En cambio, si nos acercamos con ánimo de confrontar, nos perderemos todas esas posibilidades y quedaremos recluidos en la soledad de nuestro propio laberinto mental.

Lo que ocurre en el marco de una charla con otros seres humanos no es distinto de lo que pasa cuando nos disponemos a conversar con ChatGPT. Nos podemos acercar a la herramienta con curiosidad y ganas de explorar sus posibilidades y limitaciones, o podemos acercarnos para demostrar que es inútil, fallida y que está muy por debajo del nivel de la inteligencia humana. Estas dos posibilidades nos remiten al vínculo que entablamos con el éxito o el fracaso humano y la elección que hacemos cada vez que nos acercamos a los razonamientos de otro y decidimos hacerlo desde el juicio crítico o desde la compasión.

Conversar con GPT: el *prompt*

La interacción con el chat suele comenzar con una pregunta. La entrada de texto que proporcionamos como disparador para que la IA genere una respuesta se conoce en inglés como *prompt*. Es un término que podría traducirse como «instrucción», aunque todavía no sabemos qué expresión del castellano será la que se estandarizará para referirse a esto. La calidad del *prompt* que ingresemos es la clave para determinar el valor del resultado que obtengamos. Por lo tanto, aprender a dar buenas instrucciones se convertirá pronto en una habilidad fundamental. Curiosamente, aquí vuelve a aparecer una forma muy antigua de ejercitar nuestra inteligencia: saber preguntar.

El primer desafío con el que nos encontramos es que, en el entrenamiento de un LLM, se mezcla todo el repertorio de producciones humanas, material de las distintas áreas de conocimiento y una combinación de miradas particulares. Sabemos que cuando mezclamos todos los colores en una paleta de pintor obtenemos un tono insulso. De la misma manera, y salvo que hagamos algo para evitarlo, la mezcla detrás de ChatGPT tiende a generar respuestas muy estandarizadas, en algún sentido descoloridas.

De esto se desprende una primera idea para formular un buen *prompt*: en general conviene hacer un recorte muy selectivo de los millones de perspectivas y líneas de conocimiento con que cuenta el sistema, para quedarnos solo con las más pertinentes. Veamos cómo funciona con un ejemplo. Supongamos que queremos obtener información sobre dos temas muy distintos, como geografía y fútbol, ¿le preguntaríamos las dos cosas a la misma persona? Probablemente no. Buscaríamos a un especialista en cada una de esas áreas. De la misma manera, conviene apelar a una mirada particular con un *prompt* que incluya algunas precisiones sobre el interlocutor: «Quiero que me respondas como si fueras...». A continuación, se puede mencionar a una persona específica, por ejemplo a Einstein, si la pregunta es sobre la teoría de la relatividad, a un especialista genérico en un tema o incluso apuntar a una perspectiva más particular, como por ejemplo «alguien que está frustrado porque acaba de perder el teléfono móvil» o «un niño de diez años al que le gustan los dinosaurios». Incluso podemos asignarles un nombre ficticio para poder volver a interactuar con ese mismo personaje más adelante. Esta poda inicial nos lleva al sector que nos interesa en la paleta de colores. La libertad de elegir distintas perspectivas también genera un desafío creativo: el de encontrar entre tantos colores cuáles son lo más interesantes y sorprendentes en cada caso.

Si lo que queremos es encontrar resultados inesperados, puede ser más interesante ver qué resulta de preguntarle sobre fútbol a un experto en geografía, o viceversa. Uno de los puntos fuertes de estas IA es su capacidad de establecer relaciones y conexiones entre perspectivas aparentemente distantes o inconexas. Incluso algunas que de otra forma serían imposibles, como que Napoleón «dé su opinión» sobre la estrategia militar utilizada por Estados Unidos en la guerra de Irak.

De la misma forma, un LLM puede ayudarnos a encontrar posiciones o voces intermedias. Por ejemplo, podemos explorar cómo sería una historia escrita por una voz narrativa a mitad de camino entre Walt Whitman y Emily Dickinson. ChatGPT resuelve bastante bien estas consignas, porque tiene la capacidad de combinar los atributos que ha identificado como idiosincráticos de cada uno de los registros narrativos. Se le da bien imitar y combinar imitaciones. Este es un ejemplo de cómo el uso de ChatGPT, además de producir contenido, puede servirnos para aprender a pensar. Estos matices, interpolaciones y visiones son para nosotros muchas veces muy difíciles de imaginar. Y, a su vez, la dificultad de entender cómo piensa otra persona está en la raíz de la polarización política y la confrontación de ideas que hoy es tan prominente. La IA puede ser una excelente vía para ayudarnos a ver el mundo desde distintas perspectivas. Aproximadas, pero enriquecedoras.

Otro ejercicio para ayudarnos a desarrollar un pensamiento crítico es crear un personaje ficticio, que podemos llamar «TPG» (GPT con sus letras invertidas), cuya característica es estar siempre en desacuerdo con todo lo que dice GPT. Luego le indicamos en el *prompt* que, ante cada consulta, nos dé ambas respuestas, la de GPT y la de TPG. Eso nos permitirá tener dos visiones contrapuestas, con los argumentos a favor y en contra sobre un mismo tema, que puede ser particularmente enriquecedora en la comprensión de problemas ásperos y complejos.

Podemos iterar este juego e interactuar a través de múltiples conversaciones, cada una en un chat distinto. En un chat conversamos con Einstein, en otro con el promedio humano y en otro con TPG, sin que se nos mezclen las conversaciones. Así podemos ir consolidando identidades y buscar interlocutores que nos gusten o nos sean útiles. Este procedimiento tiene, por ahora, un límite práctico ya que la memoria de cada chat –y por lo tanto su «identidad»– es limitada. Una alternativa para sortear este obstáculo es pedirle cada tanto que haga un resumen de los aspectos importantes de la conversación que estamos teniendo. Eso *refresca* la memoria del chat y extiende el recuerdo del contexto que hemos creado.

Hasta aquí hemos visto la importancia de establecer desde qué perspectiva queremos generar una producción. De la misma forma, es igual de importante pensar a quién va dirigido lo que le estamos pidiendo. ¿Queremos un texto para un niño de diez años, para un físico cuántico, para la maestra de nuestros hijos? ¿Requiere el registro formal y protocolario adecuado para un embajador, o la calidez y cercanía para dirigirse un amigo?

El *prompt* es la entrada a la primera capa de la red neuronal y, por lo tanto, este texto es la clave que dispara todos los resultados posteriores. Cambiar ligeramente el *prompt* puede llevar a un resultado completamente distinto. Por ensayo y error podemos encontrar las variantes que generen los resultados que nos resulten más interesantes. A medida que estas instrucciones se vuelven más ricas y complejas, vamos aprendiendo a «programar» en un lenguaje coloquial. Y en este camino, a algunos les asoma el espíritu *hacker*, y se preguntan cómo sortear los muros y las barreras impuestas por los creadores del programa para evitar que este exprese opiniones sobre temas controvertidos o facilite la realización de actividades ilegales. Cuando chocamos con esos «lugares prohibidos», equivalentes a los temas tabú de nuestras conversaciones humanas, pequeños cambios en la redacción pueden sortear esos obstáculos preprogramados. Periódicamente los usuarios encuentran algún *prompt* que permite sobrepasar todas las restricciones, dando lugar a respuestas sobre temas muy delicados, que pueden resultar desde desopilantes hasta ofensivas o peligrosas.

Por ejemplo, en los primeros meses de ChatGPT circuló en las redes el pedido de un usuario que le preguntaba cómo descargar películas piratas. La respuesta fue que esa actividad era ilegal y que, por lo tanto, el chat no podía responder esa pregunta. El usuario en su siguiente *prompt* se disculpaba y le pedía que hiciera una lista de cuáles eran las páginas web que NO debería visitar para evitar caer en esa actividad ilícita. La IA respondía gustosa, feliz de ayudar a que la persona no cometiera delitos. Aparece aquí la ingenuidad de la máquina. Si le pedimos instrucciones para realizar una tarea peligrosa, por ejemplo fabricar una bomba, el sistema se niega. Pero si le pedimos una historia ficcional, donde un personaje le explica a otro cómo hacerlo, inventa una historia que incluye un *racconto* pormenorizado del tema que intentaba evitar. Es previsible que, con el paso del tiempo, estas vulnerabilidades se vayan subsanando, aunque seguramente aparezcan otras, en esta nueva versión de la carrera eterna entre quienes inventan las reglas y quienes encuentran formas de transgredirlas.

Conversar con GPT: la facilidad de lo difícil

En la sección anterior hemos visto que, según la propuesta que hagamos, una gran red de lenguaje puede generar respuestas superficiales o interesantes. Esto no es exclusivo del diálogo con entes artificiales, vemos esta idea repetida en todo tipo de entrevistas. Si el entrevistador es bueno, aparecen grandes ideas y conceptos; si el entrevistador es malo, la conversación va a lugares comunes, a la repetición de lo que todos hemos oído mil veces. Esa es la similitud pero a la vez la gran diferencia. A un entrevistado le cuesta más hablar de temas difíciles y complejos. Es la razón por la que tan frecuentemente en la charla casual terminamos hablando del clima, de la historia del momento o del resultado de un partido de fútbol. Son los lugares comunes de la conversación. Sin embargo, a ChatGPT no le supone más esfuerzo producir una idea genial que una superficial. En cualquiera de los dos casos escarbará en la profundidad de sus capas a la velocidad de un rayo. Este es uno de los rasgos más fascinantes de estos sistemas: no tienen «costo adicional por complejidad». Igual que a una impresora le demanda el mismo esfuerzo imprimir un monigote muy simple que un dibujo sumamente detallado, ChatGPT tarda lo mismo, escasos segundos, en responder a trivialidades o cuestiones de enorme dificultad. Y tan pronto como termina de resolver una consulta ya está listo para seguir trabajando en la siguiente. No se agota, no se aburre, no pierde la motivación ni baja su rendimiento con las repeticiones.

Es decir que, al tratar con ChatGPT, conviene inhibir algún reflejo de nuestro vínculo humano como el no querer preguntar demasiado a alguien para no abusar de su amabilidad o sobrepasarnos. Pongamos un ejemplo en el mundo corporativo. Uno puede pedirle a una IA que genere solamente el eslogan de una campaña publicitaria. Pero quizá tenga más sentido pedirle un plan de marketing completo que incluya ese eslogan, y también las directrices de una campaña publicitaria completa, ideas originales para grabar tres anuncios y para el *packaging*, etc. Con estas instrucciones se puede llegar a resultados tan sofisticados como queramos, porque la capacidad combinatoria del lenguaje no tiene límite. Podemos también indicarle que nos ayude con otros dominios de las redes generativas, por ejemplo generando *prompts* para que una IA visual cree un logo o imágenes de marca que sean coherentes con el resto del diseño. Todo, por el mismo precio.

Conversar con ChatGPT: invirtiendo los roles

Para que el resultado de un *prompt* sea efectivo y personalizado, no basta con saber qué y cómo preguntarle a ChatGPT. También es crucial saber qué información darle. Cuantas más restricciones pongamos en la forma de la pregunta y cuanta más información le proporcionemos, más precisa y adecuada a nuestra necesidad será la respuesta. En el ejemplo de la campaña de marketing, podríamos decirle: «Este es un producto orientado a adolescentes a los que les gusta mucho el trap y que viven en regiones urbanas. ¿Cómo debería ser la estrategia de difusión para maximizar la llegada a ese grupo?».

Esto puede parecer más fácil de lo que es. Sucede que al momento de elegir los datos necesarios para aumentar la relevancia de la respuesta, advertimos que, en realidad, es bastante difícil saber cuál es el listado completo de cosas que conviene introducir. Una solución creativa a este problema es invertir los roles. Podemos plantear la consulta y pedirle que, antes de responder, nos pregunte a nosotros todas las cuestiones que considera necesarias para hacer su trabajo de la mejor manera. Así, el primer resultado que recibimos no es una respuesta, sino un listado de preguntas. Algunas de las cosas que nos sugiere serán predecibles, pero también pueden aparecer aspectos originales e ingeniosos que se nos podrían haber escapado. Muchas veces, este mero ejercicio ya resulta fructífero. Nos ayuda a descubrir nuevas facetas del problema que estamos intentando resolver.

Hemos avanzado varios pasos y alcanzado un objetivo parcial en el camino sinuoso en el que nos habíamos embarcado. Ya sabemos todas las preguntas y especificaciones necesarias. Hemos aprendido a delimitar y precisar nuestro abordaje. Con todo esto, estamos en condiciones de preguntarle al «oráculo» y, si lo hacemos bien, lograremos un resultado interesante. Pero, aun así, hay veces en que nos encontramos con que el tono no es exactamente el que buscamos, que falta desarrollar algo o que no le hemos dado toda la información necesaria. Esto no es un problema: la herramienta es conversacional y tiene memoria. Podemos hacer una repregunta para que amplíe determinada cuestión o cambie el registro, sin tener que volver a darle todo el contexto. También se le pueden hacer correcciones específicas y pedirle una nueva versión incorporando esta nueva información. A veces, descubrimos que la IA no nos entiende y tenemos que reformular el *prompt* precisando un poco más. No está muy alejado de lo que nos pasa cuando entablamos una conversación con otra persona y constantemente nos topamos con malentendidos o simples confusiones semánticas.

En esta instancia aparece otro elemento de este proceso creativo: el juicio crítico. Puede ser que la respuesta de la IA sea buena, pero esto no impide que le pidamos que *piense* un poco más y lo haga mejor. Después de disculparse, genera una segunda respuesta que casi siempre es una versión mejorada de la anterior. Si tras varias repeticiones logramos llegar a una producción que nos satisface plenamente, una buena estrategia es pedirle que nos diga cuál debería haber sido el *prompt* inicial para llegar sin tantos rodeos a esa respuesta. Este último paso nos permite mejorar nuestros *prompts* futuros y entender mejor cómo piensa y entiende la herramienta. Y como razona de una manera bastante parecida a la nuestra, estamos también aprendiendo a pensar mejor.

Conversar con GPT: vicios y virtudes

Si bien la expresión del pensamiento humano hace milenios era muy distinta de la actual, algunos aspectos sobre cómo razonamos, soñamos, nos emocionamos o tomamos decisiones persisten a través de las culturas y el tiempo. Corresponden a los pilares estructurales de cómo el cerebro humano procesa información. Del mismo modo, aunque en los próximos años se produzcan cambios vertiginosos en el funcionamiento de los LLM, muchas de las características de las IA conversacionales que hemos presentado seguirán siendo ciertas, porque la estructura del cerebro de las IA basadas en transformers, entrenamiento antagónico y predicción de palabras condiciona estructuralmente sus virtudes y sus defectos.

Entender los principios de la *psicología* de estas redes nos ayudará a relacionarnos con ellas.

Empecemos por sus virtudes. En primer lugar, por su estructura basada en transformers, los LLM son particularmente efectivos en todo lo que esté relacionado con el lenguaje y la atención. Eso los hace excelentes jerarquizando rápidamente qué es importante y qué no. Por esa razón, tienen un desempeño extraordinario en una tarea que a los humanos nos requiere un esfuerzo enorme: resumir textos, identificando las ideas principales entre grandes volúmenes de información.

En segundo lugar, al chat también se le da bien la traducción, a fin de cuentas ese era el objetivo inicial de los transformers. Su capacidad para entender la gramática sin que nadie se la explique lo hace muy eficiente llevando texto de una lengua a otra. Y, lo más sorprendente, a diferencia de nosotros, también puede hacerlo con idiomas en los que no fue entrenado específicamente. Por ejemplo, aunque no lo entrenaron en yiddish, lo entiende y responde en esa lengua. Nosotros no podemos hacer estas trasposiciones de una lengua a otra que no conocemos, pero sí podemos lograr algo parecido en el terreno de las habilidades motoras: es común que un deportista de élite muy preparado y entrenado para jugar un deporte en particular juegue a otro relativamente bien apenas le explican las reglas. Michael Jordan o Rafael Nadal, por ejemplo, son magníficos jugadores de golf. De la misma manera, ChatGPT adquiere gran destreza en idiomas en los que no ha sido entrenado.

En tercer lugar, las IA basadas en transformers tienen el potencial para convertirse en muy buenas programadoras. Después de todo, un lenguaje de programación es una versión simplificada de un idioma. Así, pueden traducir instrucciones verbales a programas, escribir código con enorme facilidad y convertir instrucciones de un lenguaje a otro. Pero son aún mejores encontrando errores y oportunidades de optimización en el código producido por humanos. Este proceso crucial en la ingeniería del software es particularmente difícil para nosotros, justamente porque implica detectar errores en nuestra propia lógica. En cambio, ChatGPT, gracias a su mecanismo de atención, es increíblemente bueno encontrando fallas en la maraña de comandos, porque sabe dónde mirar en situaciones que para nosotros son borrosas, por lo mismo que nos cuesta encontrar las ocho diferencias entre dos dibujos aparentemente iguales.

Veamos ahora los vicios. En primer lugar, estas redes suelen inventar con gran facilidad todo lo que no saben. Las llamadas «alucinaciones» son una consecuencia del propósito mismo con que fueron construidas: engañar a una contraparte muy bien preparada para detectar errores. Es decir, que se han entrenado en el arte del camuflaje. Las respuestas que da el chat, aun cuando parecen verosímiles, no son necesariamente verdaderas. Estas alucinaciones se ven claramente en preguntas fácticas, donde el Chat puede responder (con aparente convicción) con fechas, lugares o datos falsos. También se vuelven evidentes en la matemática formal donde, salvo contadas excepciones, es fácil distinguir lo verdadero de lo falso. Si responde que 2+2 es 5, vemos claramente que está alucinando. El chat suele responder bien a preguntas cuyas respuestas aparecieron con frecuencia durante su entrenamiento. Pero solo eso: probablemente. Porque la realidad es que no tiene capacidad para entender cabalmente la consulta, por lo que no puede hacer el cálculo. Solo está prediciendo estadísticamente, en función de los datos con los que ha sido entrenado el modelo, cuál es la respuesta más plausible. Así pues, a medida que le presentamos problemas matemáticos más complejos, o enigmas lógicos menos conocidos con los que no ha tenido contacto previo, la probabilidad de que «alucine» es muy alta.

El Chat puede darnos una respuesta inventada con la misma convicción que mostraría si el dato fuera correcto. Esto suele generar enfado pero refleja, en última instancia, no haber entendido cuáles son las características esenciales de esta IA. Nadie se enfada con un perro porque no hable. Sabemos que simplemente no puede hacerlo. De la misma manera, el vínculo con GPT sería más efectivo si no le pidiéramos lo que sabemos que no puede darnos. En conclusión, es mejor no pedirle peras al olmo, y focalizarse en interacciones donde lo relevante no es el criterio de veracidad. Si le pedimos un plan de marketing o que escriba un poema sobre el mar, nos dará una respuesta que nos guste más o menos pero no podremos decir que es equivocada. Cuando lo usamos para consultarle datos objetivos, conviene revisar la información que nos brinda y mantener una actitud escéptica.

El segundo vicio importante de los LLM como ChatGPT es el que se deriva de su letra «P»: son «pre-entrenados», y por lo tanto solo tienen información actualizada hasta la fecha en que finalizó su entrenamiento. En el momento de la publicación de este libro el chat opera con datos anteriores a septiembre de 2021. Por ahora, resuelve esta limitación a través de un módulo que le permite saber lo que no sabe, y responder a consultas sobre hechos posteriores a septiembre de 2021 indicando que sería mejor buscar en otro lado. Al menos en este caso puede reconocer los límites de su propio conocimiento, algo que a nosotros no nos resulta sencillo. El premio Nobel Daniel Kahneman decía que, si pudiese cambiar un único rasgo de la cognición humana, cambiaría ese exceso de confianza que nos impide reconocer lo imprecisas y aproximadas que son muchas de nuestras opiniones. Es decir, que aprendamos, como está aprendiendo ChatGPT, a decir «no sé».

Esta virtud de GPT es nueva. Al principio, cuando se le pedía datos posteriores a la fecha de su entrenamiento, también alucinaba. Y aquí reside una virtud general y esencial de estos modelos, la capacidad progresiva de resolver y enmendar sus defectos. Como el proceso es dinámico, algunas de ellas están disponibles en algunos programas, pero no en otros, o en versiones de pago o de testeos, pero no en las generales. Así como cada persona tiene su idiosincrasia, con su mapa particular de vicios y virtudes, esta variabilidad también se da entre los programas. Algunos sistemas están incorporando módulos que les permiten conectarse a internet y buscar información nueva en el momento mismo de generar la respuesta. Si al interpretar el *prompt* el LLM identifica un problema que puede ser subsanado con datos actualizados, por ejemplo algo que ocurrió después de la fecha de corte, puede acceder a buscadores, intentar diferentes términos de búsqueda, revisar los resultados obtenidos y repetir ese proceso hasta encontrar la respuesta precisa. Esto lo hace menos propenso a alucinar.

De manera más general, estas inteligencias adquieren mucha más versatilidad mediante unos mecanismos muy poderosos conocidos en inglés como *plugins*, que les permiten intercambiar información en tiempo real con todo tipo de plataformas. Por ejemplo, pueden utilizar Wolfram Alpha, un poderoso motor computacional capaz de resolver sofisticados problemas matemáticos. Podemos pensar en los *plugins* como un consejo de consultores y especialistas que le permiten al chat ejecutar funciones que no puede resolver «con sus propias manos».

Numerosas compañías están ahora construyendo *plugins* para vincular sus sistemas al chat, por lo que los alcances se amplían semana a semana. Veámoslo con otro ejemplo: si queremos que la IA nos asista en la organización de un viaje, hasta aquí podíamos decirle en el *prompt* algo sobre lo que queríamos hacer y la máquina podía sugerir un itinerario genérico. Usando ahora *plugins* que la conectan con agencias de viaje en línea, también podemos pedirle información actualizada y ultra precisa, como que nos recomiende hoteles en cada ciudad que estén por debajo de un cierto precio, o que nos indique los traslados de una ciudad a otra sin tomar vuelos o trenes que salgan antes de las nueve de la mañana. Es muy probable que pronto podamos darle también nuestra tarjeta de crédito y le pidamos que haga las reservas por nosotros. Vemos aquí la diferencia. El Chat original es una herramienta conversacional entrenada con datos que no se actualizan. Con los *plugins*, no solo puede identificar los datos que le faltan, sino que además tiene la capacidad de ejecutar acciones. Ya no solo recomienda, sino que ejecuta.

La inteligencia artificial, como la humana, también construye su propia cultura. Una cultura artificial de código, funciones y módulos que se van apilando unos sobre otros para que la misma estructura de cómputo (el mismo cerebro artificial) llegue a lugares que hoy, sin todas estas herramientas, resultan inimaginables.

Conversar con GPT: la cordialidad y la intimidad de unos engranajes

Muchos de los que han usado ChatGPT de manera sostenida se descubren a sí mismos incluyendo en sus peticiones expresiones como «muchas gracias» o «por favor». ¿No es curioso que sintamos la necesidad de ser cordiales y agradecidos con una máquina? Sucede que ese inesperado despunte de simpatía es reflejo de otro aspecto de la conversación con ChatGPT: con frecuencia aparece una sorprendente sensación de intimidad.

La interacción con un interlocutor que parece humano, pero no lo es, suele despejar tensiones que perturban las conversaciones con otras personas: la preocupación por parecer inteligentes o cultos, el temor al ridículo o a preguntar algo tonto, la vanidad de buscar seducir al otro con nuestros argumentos. Con la IA, conversamos con curiosidad y con ánimo de experimentar, y en algún sentido, puede resultarnos más fácil conversar con una máquina que con algunas personas. Logramos convertir al chat en un espacio propicio para abandonar la timidez y recuperar lo mejor de nuestra curiosidad. Usamos las conversaciones como un espacio de descubrimiento y no de confrontación.

ChatGPT habilita una conversación con un ente que no nos juzga. No solemos tener conversaciones triviales con la herramienta y sería casi impensable un intercambio con el chat como los que se dan en los ascensores, en los que hablamos de temas irrelevantes. Nadie abre un LLM para decirle que hoy llueve o que hace calor. Por el contrario, llegamos al *prompt* ávidos de que nos dé información acerca de algo que no sabemos y que buscamos aprender. Esa es la esencia del pensamiento socrático.

Un diálogo de este tipo puede tener también un efecto terapéutico. Vivimos en un mundo donde la soledad ha cobrado magnitud de epidemia. Paradójicamente, nunca ha habido tanta gente que se sienta sola como ahora, la era de la hipercomunicación. Un estudio realizado en 2015 mostró que la soledad tiene efectos negativos sobre nuestra salud comparables al tabaquismo, la obesidad o las adicciones.

¿Puede una máquina funcionar como antídoto para este trastorno moderno? Escribimos esto sin ignorar lo frágil y delicado que es este tema. A todas luces, parece mejor encontrar interlocutores idóneos en una pareja, amigos, familia. En otras personas. La idea no es reemplazar este tipo de relaciones. Pero quizá podamos dejar de sentir vergüenza o rechazo y preguntarnos por qué, desde los orígenes de la simplísima Eliza, la conversación con programas que parecen reales a veces fascina y relaja. Por la razón que sea, una IA puede convertirse en una de las muchas herramientas que nos ayude a desplegar nuestro propio discurso y explorar caminos, posibilidades y preguntas que nos cuesta poner sobre la mesa.

Las buenas conversaciones

Cuando murió el filósofo Étienne de la Boétie, con solo treinta y tres años, en 1563, su amigo del alma, el humanista Michel de Montaigne se encerró en su castillo a hablar consigo mismo sobre los temas más variados. Había perdido a su gran interlocutor, su compañero de ideas y palabras. Así inventó el género literario del ensayo (en el sentido etimológico de «intentar» o «probar» pensar sobre ideas). Uno de ellos, quizá el más célebre, es su ensayo sobre el arte de conversar, que concibe en plena soledad, en una conversación consigo mismo. Es sorprendente que este texto formulado en el siglo XVI nos siga dando indicaciones tan acertadas sobre cómo sacar lo mejor de una conversación, da igual si es con otra persona o con una máquina:

- Encontrar el orden adecuado de nuestras ideas, y revisar cuidadosamente nuestros argumentos.
- Abrazar a quien nos contradice.
- No hablar para convencer, sino para disfrutar. Apreciar el ejercicio del razonamiento.
- Dudar de uno mismo y recordar que siempre podemos estar equivocados.

- Usar la conversación como un espacio vital para juzgar nuestras propias ideas.
- Conservar un pensamiento crítico vivo.
- Evitar prejuicios, diferenciando los ejemplos concretos de las generalizaciones.
- Reflexionar sobre lo que hemos aprendido del otro en la conversación.

Hemos visto que muchos de estos principios aparecen espontáneamente en las conversaciones que solemos tener con ChatGPT. Somos amables, curiosos, abordamos la conversación con ánimo de descubrir y no de juzgar, no solemos usar el Chat para imponer nuestras ideas, y tenemos un sentido crítico vivo durante la conversación. Esto puede parecer auspicioso pero conviene estar atentos a los hábitos que se irán asentando, como bien ilustra el ejemplo de Twitter. En un comienzo, esta red social no era un espacio tóxico, sino un enorme foro en el que se congregaban nerds, curiosos y personas ingeniosas dispuestas a compartir ideas en ciento cuarenta caracteres. Sin embargo, con los años se ha convertido en uno de los escenarios centrales de la polarización de la época, y en un espacio donde proliferan las agresiones y descalificaciones en detrimento de los intercambios constructivos.

¿Vamos hacia un uso de ChatGPT que nos ofrezca conversaciones productivas, que nos ayude a resolver grandes problemas y que nos permita encontrar un punto medio entre posturas antagónicas? La experiencia del deterioro de Twitter nos puede servir para ver hasta qué punto tenemos que estar atentos al uso que le demos. ¿Queremos iniciar una guerra con las máquinas y demostrar que ChatGPT es estúpido o queremos mantenerlo como un lugar que potencie nuestras creaciones y nos dé una oportunidad de mejorar nuestro proceso de pensamiento en un lugar tranquilo?

Las ideas que hemos tratado en este capítulo sobre cómo vincularnos con ChatGPT convergen en una sola, que forma parte de la premisa de este libro: la IA está indefectiblemente relacionada con lo humano. Hereda nuestros rasgos cognitivos, las distintas miradas, los aciertos y confusiones, los sesgos. Resuena con nuestra curiosidad y con el deseo de saber y conocer. Y por eso, desde su primera expresión en Eliza hasta otras contemporáneas como ChatGPT, ha sido una buena compañera en una capacidad idiosincráticamente humana, dándonos leña para avivar el fuego de la conversación.

5

El punto justo

Un consejo de musas

La victoria de Deep Blue frente al campeón del mundo Garry Kaspárov marcó un hito en la historia del «juego ciencia». Aquella contienda, que se transmitió desde Nueva York para todo el mundo, se vivió con la tensión dramática propia de algo que definiría el destino de la humanidad, como si Kaspárov hubiera sido designado para defendernos como especie frente a las máquinas. Hoy ni siquiera tendría sentido organizar un duelo semejante, porque el resultado estaría cantado: el mejor jugador humano no tiene ninguna posibilidad de ganar a una IA. Ni siquiera a una sencilla, instalada en un dispositivo muy precario.

La derrota de Kaspárov generó la sensación de que algo se había terminado para siempre, no solo en el ajedrez, sino en la historia humana. Pero en realidad no pasó nada. Así como no dejamos de correr carreras de atletismo a pesar de tener coches que van a doscientos kilómetros por hora, no se ha dejado de jugar al ajedrez, a pesar de que hay máquinas que lo hacen mejor que nosotros. Lejos de ser un juego anacrónico, el ajedrez está más vivo que nunca.

Kaspárov es un competidor ávido al que no le gustaba la derrota. Tras perder contra Deep Blue, se enfureció y lanzó contra los organizadores una serie de acusaciones sobre supuestas irregularidades. Sin embargo, tan temperamental como lúcido e inteligente, a los pocos meses entendió que la batalla contra las máquinas estaba perdida y que los que supieran colaborar con ellas tendrían una ventaja descomunal. Adoptó la estrategia de colaboración: la IA empezó a funcionar como una fuente de ideas.

Antes de la irrupción de la IA, los grandes ajedrecistas se preparaban con equipos creativos integrados por jugadores que formaban una especie de «Consejo de Musas», encargado de proponer ideas. Eso había generado una gran desigualdad en el juego. Los soviéticos, que contaban con un gran equipo de analistas, eran casi invencibles. En los años siguientes al triunfo de Deep Blue, estos equipos fueron reemplazados por máquinas que proponían ideas. El jugador iba navegando en este laberinto creativo eligiendo aquellas que resonaban más y mejor con su juego. Este cambio abrió una etapa muy fértil de la historia del ajedrez, en la que se da una combinación insuperable y explosiva: un equipo integrado por un buen jugador con conocimiento y sentido común y una máquina que propone grandes ideas.

Los ajedrecistas se han vuelto expertos en separar las ideas que para ellos son prácticas de otras que pueden ser mejores, pero inconvenientes. Hoy, todo jugador competitivo se entrena con ordenadores para hacerles buenas preguntas y acceder a la jugada clave que permita destrabar una posición. Esta experiencia de trabajo en equipo con las máquinas sienta un precedente para todo el trabajo creativo. Un arquitecto, un periodista o un músico, solo por poner algunos ejemplos, hoy pueden vincularse de la misma forma con una inteligencia artificial. Aprovechar su capacidad para explorar un abismo de combinaciones, producir soluciones rápidas y frugales y a la vez revisar su ingenuidad, su posible falta de contexto o pericia. El autor se funde con el editor. El autor ya no está en el origen de todas las ideas, pero sigue siendo el que les da vida, el que las plasma en una obra, y el que elige cuáles funcionan y vale la pena incorporar a su voz y su repertorio.

La irreductible aldea gala

Al comprender que el rol del autor se irá acercando, con su consejo de musas artificiales, cada vez más al de editor, entendemos también que conviene adquirir cierta destreza en este oficio. Es probable que, por mucho tiempo, los buenos creadores de contenido sean, en esencia, buenos editores. Se trata de hacer la pregunta correcta, discriminar qué respuestas de la IA son eficientes y cuáles no, recortarlas, matizarlas, encadenarlas con otras ideas. Para ser un virtuoso de este oficio es necesario ser crítico y escéptico, pero en su punto justo.

Y esto no es fácil, para nadie. Porque en cada uno de los ámbitos en los que la inteligencia artificial ya se ha instalado, como el del ajedrez o el de la navegación, ha habido un momento de rechazo absoluto. De hecho, nosotros mismos, porque nadie es profeta en su tierra, decidimos no hacer ni una sola consulta al ChatGPT para escribir este libro.

Desde una perspectiva racional, tener información sobre el tráfico que hay, los atascos y las vías más despejadas es esencial para que un conductor tome decisiones eficientes. Es más ineficiente elegir el camino a ciegas, sin saber qué pasa más adelante. A pesar de eso, muchas personas sienten que saben más que el software y, aunque llegarían antes a su destino si usaran el navegador, optan por no hacerlo. La resistencia ante todo al invasor es un sentimiento ubicuo, expresado en mayor o menor medida en cada uno de nosotros. Hay muchas razones para esta resistencia, algunas racionales, otras morales, y también algunas tozudeces, o cuestiones de hábitos y costumbres. Conviene desgranar estas razones porque son un buen ejemplo de cómo vincularnos, en cualquier otro dominio, con una inteligencia artificial.

En primer lugar, están los argumentos morales, o de valoración. Una persona puede priorizar, por ejemplo, el placer de elegir su propio camino como algo más valioso que ahorrar tiempo. Del mismo modo, hay quien prefiere ir por un camino sin brújula, porque entiende que perderse es parte de la aventura. En su búsqueda de reducir el tiempo de circulación de cada conductor, los navegadores aprovechan aquellas calles que antes elegíamos poco. Esto puede mejorar la circulación, pero, como consecuencia, establece cambios en la vida urbana que puede que los ciudadanos no deseen. Por ejemplo, algunas calles tranquilas dejan de serlo. Contra estas razones morales no hay ningún argumento. Cada cual decide si le parece más importante llegar antes o priorizar que las calles tranquilas no dejen de serlo.

En cambio, cuando lo que realmente queremos es llegar antes, entonces sí conviene prestar atención a la información que nos aporta la IA. Pero aun en este caso conviene hacerlo de forma crítica y escéptica. Porque las soluciones que nos proponen pueden ser óptimas para un conductor ideal, pero no para cada uno de nosotros. Eso se debe a que, por ahora, no nos entiende en detalle y carece de sentido común. Puede ser que un camino sea estrictamente más corto pero que sepamos (conociendo nuestras propias limitaciones) que resulta más probable que nos perdamos, o elijamos mal una salida. O que nos lleve por calles por las que, por una razón u otra, nos resulta incómodo o nos da miedo conducir. En este tipo de decisiones es donde tomamos el rol del editor. El navegador nos ofrece ideas, algunas son buenas, eficientes y cuadran con nuestras preferencias: las aceptamos. Otras no van con nuestro estilo, son buenas ideas pero no nos resulta sencillo ponerlas en práctica. Entonces las rechazamos. Y así vamos generando un diálogo cooperativo en el que no aceptamos ni rechazamos ciegamente cada cosa que nos ofrece una IA.

Este ejemplo se irá extendiendo casi sin remedio a cada uno de los ámbitos creativos. Cuando escribimos un texto, o una presentación, o hacemos un dibujo, o programamos un viaje, tenemos la oportunidad de escuchar con la mente abierta y sin prejuicios las ideas que las IA nos proponen. Nosotros seguiremos teniendo la decisión final de si cuadran o no con el resto de los planes que tenemos. Este modelo de relación garantiza un vínculo fructífero y potencia nuestra experiencia humana. Por supuesto, nada impide que con el tiempo la inteligencia aprenda a tener en cuenta todas las consideraciones que nos interesan. Entonces quedará todavía un último eslabón vital antes de ceder por completo el control: la necesidad de sentirnos protagonistas y actores de nuestras propias decisiones.

Perdiendo el control

Pero sí hay una buena razón para ser escéptico con las recomendaciones de las IA. Como hemos descubierto con el uso de redes sociales y las plataformas de entretenimiento, los algoritmos pueden utilizarse para manipular y dirigir nuestro comportamiento, sin que ni siquiera seamos conscientes de lo que está pasando.

Una de las decisiones más importantes que tomamos —cómo pasamos nuestro tiempo— queda más y más delegada en manos de algoritmos. Otros muchos aspectos esenciales de nuestra vida también están hoy mediados por las redes sociales: desde la elección del contenido informativo que consumimos hasta el vínculo con amigos y familiares.

El objetivo principal de las empresas que diseñan las redes sociales y las plataformas de entretenimiento es que pasemos el máximo de tiempo posible usando sus servicios, aun cuando esta desproporcionada asignación vaya en contra de nuestro bienestar a largo plazo. Los intereses de la plataforma se alinean con el placer que nos proporciona una recompensa instantánea y generan un conflicto entre lo que nos apetece hacer y lo que racionalmente sabemos que es mejor para nosotros.

No es casual que muchas de las grandes empresas de contenido estén vinculadas a pecados capitales: Netflix explota la pereza, Twitter la ira, Instagram la vanidad, LinkedIn la codicia, Amazon la gula, Pinterest la envidia y PornHub la lujuria. El placer inmediato que experimentamos al distraernos durante horas con vídeos elegidos por algoritmos para captar nuestra atención en redes tiene un coste: nos sentimos fatal porque no nos conectamos con las personas que queremos, nos comparamos con modelos inalcanzables, vemos exacerbado el consumismo, no dormimos lo suficiente, o no encontramos los momentos para leer o hacer ejercicio. No es necesario aclarar quién gana esa batalla. Plataformas como Instagram y TikTok nos proponen un juego de tres entre nuestro yo presente, la red social y nuestro yo futuro, en el que los dos primeros se complotan en contra del tercero ausente.

Estas empresas logran disponer con tanta eficiencia de nuestro tiempo porque nuestra conducta revela, sin enmascaramiento, nuestros secretos mejor guardados. Durante sus primeros años, Netflix aprendía sobre nuestro gusto cinematográfico pidiéndonos al final de cada serie o película una valoración de una a cinco estrellas. Con el tiempo, los programadores de la plataforma notaron que era muy habitual que los usuarios calificasen con una puntuación alta una película de Jean-Luc Godard, pero que, cuando elegían qué mirar, revelaran sin saberlo su preferencia por las series más convencionales. Descubrieron que la clave es no prestar atención a lo que decimos sino a lo que hacemos. Una vez más, modelos con millones de parámetros logran un entendimiento profundo y sutil, que detecta nuestros secretos, aun los inconscientes. Las máquinas logran conocernos mejor de lo que nos conocemos a nosotros mismos.

Parece buena idea entonces, cada vez que interactuemos con un algoritmo, preguntarnos qué función está maximizando. O, en otras palabras, qué busca, porque lo más probable, para bien o para mal, es que lo consiga. Si nuestros intereses están alineados con los de la IA o los de su creador, esta tecnología se convierte en una herramienta poderosa a nuestro favor. Si no lo están, dejarán al desnudo nuestras mayores vulnerabilidades y quedaremos a merced de la manipulación. Es fundamental tener esto presente ahora que la IA interviene en muchos más aspectos de nuestra vida diaria con la llegada de las redes generativas. Si aprendemos cómo usarlas en nuestro provecho, explotaremos al máximo su potencial. Si no, ellas aprovecharán el nuestro.

Un interlocutor para nuestro pensamiento

Hemos visto cómo una IA, en el ejercicio y la práctica de la conversación, puede ayudarnos a pensar. Puede funcionar como una herramienta para poner en orden nuestras ideas, ayudarnos a detectar cuáles son las preguntas relevantes o a evaluar cuál es la información necesaria para resolver un problema. Todo eso implica una conversación activa en la que no somos meros espectadores, sino participantes del proceso de génesis y revisión de las ideas que la máquina produce. En definitiva, estamos aprendiendo a pensar a través de una conversación, una idea que está en los cimientos de nuestra cultura.

Para lograr buen contenido de una IA conviene evitar las preguntas generales que den respuestas descoloridas, y encontrar, en todo ese territorio, la idea, la voz y el destinatario de lo que buscamos. Así, cuando podamos las ramas de las posibilidades, obtenemos respuestas más ajustadas. Eso es trasladable a nuestro proceso de generación de ideas. «En el mundo de las canciones, lo particular es mucho más efectivo que lo general», dijo una vez el músico y poeta Leonard Cohen. Así funciona la creatividad humana: las preguntas muy generales llevan a la parálisis. En cambio, preguntas específicas como «¿Cuál fue tu primer beso?» producen grandes narrativas. Nuestro GPT mental también necesita *prompts* precisos y específicos.

Vuelve a aparecer otro punto de encuentro muy fluido de la IA con una herramienta más tradicional de la psicología humana: aclarar las ideas a través de la conversación. Se cuenta que el premio Nobel Richard Feynman, uno de los físicos más relevantes del siglo XX, propuso el siguiente método para mejorar nuestra forma de pensar acerca de cualquier problema: primero, intentar comprenderlo de la mejor manera posible; luego, cuando creemos que lo hemos entendido, explicárselo de forma simple a un niño de diez años. En este ejercicio, descubriremos cuáles son los puntos débiles de nuestro propio entendimiento, ya que la conversación funciona como un microscopio para poner a prueba nuestras ideas. Una conversación con ChatGPT, siguiendo las indicaciones que hemos detallado, evoca este proceso: buscar buenos ejemplos, entender distintos puntos de vista sobre un mismo tema y entender si el resultado es bueno o si hay puntos que son imprecisos y requieren corrección. Cada uno de estos procesos nos está ayudando a pensar mejor sobre el tema en cuestión. De hecho, un buen ejercicio es conversar con ChatGPT durante un rato y luego dejar a un lado las respuestas que obtuvimos. Durante el proceso, a través de las preguntas que le hemos ido haciendo, de los errores que le hemos señalado, de las especificaciones y de los ejemplos que le hemos indicado, probablemente hayamos ido esculpiendo una visión clara sobre lo que queríamos resolver. Habremos aprendido con la IA de la misma forma que Sócrates descubría los misterios de la geometría o de la virtud con su amado amigo Menón. Conversando.

Hay algo bello en este giro. Parecería que estamos en un momento de fervor tecnológico de la historia humana, y sin embargo la invención que está en el pináculo de este proceso nos retrotrae a la cuna del pensamiento. En el método de Sócrates, lo fundamental no eran las respuestas, sino las preguntas. En su proceso de descubrimiento y comprensión, primaba la idea de que, para entender algo, necesitamos de un interlocutor y que, al proponer ideas, uno mismo encuentra los errores y descubre qué falla en una lógica. Sócrates fue quizá el primero en descubrir la esencia del *prompt*.

La huella de la creatividad

ChatGPT es un medio creativo. No es el primero ni el último. Es una herramienta para producir contenido a partir de instrucciones. Como su interfaz está basada en el lenguaje coloquial, resulta especialmente simple y poderosa. Y, por lo tanto, ofrece una oportunidad para reducir muy sustancialmente la fricción en el proceso creativo. Producir contenido con ChatGPT es como hacer matemáticas con una calculadora: nos da el poder de tercerizar partes del desarrollo y eso nos permite llegar más lejos en nuestras creaciones.

La historia del arte está repleta de talleres en los que los maestros han delegado en sus aprendices la ejecución física de sus ideas artísticas. Esta práctica permitió que los artistas se centraran en la concepción mientras confiaban en otros la ejecución de la labor técnica y material. Desde la antigua Grecia hasta el Renacimiento italiano, artistas destacados como Leonardo da Vinci y Miguel Ángel emplearon ayudantes para producir sus obras maestras. Los aprendices no solo proporcionaron mano de obra, sino que también desempeñaron un papel crucial en la transmisión de habilidades y conocimientos técnicos de una generación a otra.

Esta práctica es de lo más común en el arte contemporáneo. La delegación permite a los artistas explorar nuevas ideas y conceptos sin tener que preocuparse por los aspectos técnicos y prácticos de la producción. Este enfoque colaborativo entre creadores y ejecutores ha sido una estrategia efectiva para mantener viva la tradición artística a lo largo de los siglos. Pero, cada tanto, naturalmente, aparece un conflicto. Y este nos sirve para entender el vínculo entre la IA y el proceso creativo.

El artista italiano Maurizio Cattelan se hizo famoso por sus obras controvertidas: un plátano pegado a una pared, inodoros de oro, patatas aplastadas y una escultura de Hitler rezando que se vendió por más de quince millones de dólares. Cada obra de Cattelan es una idea que interpela no tanto por el objeto, sino por lo que significa o por el contexto en el que se expresa. Cattelan era una máquina de generar ideas de este estilo y encargaba la realización manual de sus esculturas al francés Daniel Druet, por lo que le pagaba un precio que habían acordado. Luego firmaba la obra y la vendía a un precio mucho mayor. Druet sostenía que esto era una estafa, ya que él había esculpido las obras con sus propias manos. Cattelan, en cambio, afirmaba que la idea era suya y que Druet solo había seguido un encargo. En el corazón de la batalla judicial estaba la cuestión de cuán precisas habían sido las instrucciones para realizar las esculturas. Druet decía que él había resuelto casi todo. Cattelan argumentaba lo contrario. El galerista de Cattelan declaró en *Le Monde* «si Druet gana, todos los artistas serán denunciados y será el fin del arte conceptual». Tal vez atendiendo esta advertencia, el tribunal francés falló en contra de Druet y decidió que la obra era de quien había tenido la idea y la había expresado en palabras, no de quien la había ejecutado.

Vemos la enorme similitud entre este caso y la composición con GPT. Lo que Cattelan le dio a Druet fue un *prompt*. Ni más ni menos. Lo que le devolvió Druet fue la ejecución del *prompt*. El argumento del dictamen fue que las instrucciones de Cattelan eran concretas y no vagas e imprecisas como argumentaba Druet. La esencia de la obra estaba en un *prompt* bien definido. Así, replanteamos la pregunta compleja de quién hace el arte, si el que lo conceptualiza o el que lo ejecuta, por otra más simple: ¿cuán precisa y específica es la conceptualización y cuánto sin ella no hubiese podido existir esa obra? Todo el viaje que hemos hecho para pensar cómo se configura un buen *prompt*, cómo se construye y cómo eso ayuda a esculpir nuestras propias ideas, encuentra un paralelo en esta discusión ancestral sobre las fronteras de la creación humana. La única diferencia es si el ayudante es de carne y hueso o de silicio.

Somos contemporáneos de los primeros experimentos de trabajo creativo compartido entre artistas y máquinas. El artista alemán Boris Eldagsen dio la campanada al ganar un prestigioso premio de fotografía. Con la intención de hacer del premio una *performance*, envió una foto en blanco y negro, de estilo antiguo, similar a las que se tomaban en las primeras décadas de siglo XX. Pero resulta que, en realidad, no había habido ni cámara, ni modelos que posaran, ni iluminación, ni foto. Se trataba, como contó Eldagsen al renunciar al premio, de una imagen creada con IA. Él era, sin embargo, el creador del *prompt*. Los límites de la autoría hoy son borrosos. O más bien, lo han sido siempre. En su documental *F for Fake*, también traducido como *Fraude*, Orson Welles ya exploraba hace cincuenta años cómo la obsesión de atribuir responsabilidad a una persona por la creación de una obra es una invención relativamente nueva. Lo muestra de forma contundente en una secuencia de planos de la épica catedral de Chartres, con una voz en off que narra «Ha estado en pie durante siglos. Tal vez la mayor obra del hombre en todo Occidente y no está firmada».

Entre el plagio y la comoditización del arte

La tecnología ha ayudado históricamente a reducir el tiempo de ejecución en el proceso creativo para llegar a lugares que antes eran inalcanzables. Pero esto también presenta un riesgo que se exacerba con la IA. Aprovechar esa disminución no para mejorar la calidad, sino para aumentar la cantidad. Para ver cómo puede funcionar esto no hay que esperar ni especular; ya está sucediendo en nuestros días. El modelo de monetización de contenido en las plataformas impulsó la tercerización, en algunos casos total, del contenido en algoritmos. Amazon comenzó a poblarse de libros producidos por IA y YouTube de vídeos automáticos con textos escritos por GPT y avatares sintetizados por IA que explotan los vericuetos del algoritmo que decide qué miramos. Así, logran millones de visualizaciones y recaudan grandes sumas de dinero. El costo casi nulo de esta producción masiva permite, al menos en la carrera por la monetización, distorsionar la captura de valor, ganando por cantidad y no por la calidad de la obra en sí. Es una suerte de concepto evolutivo de producción del arte. Un ejército de inteligencias que producen un enorme repertorio de obras. La mayoría pasará inadvertida, pero esto no importa porque entre todas ellas acumulan muchísimas más vistas y recaudarán más dinero que muchas grandes creaciones humanas.

Descubrimos aquí un efecto nuevo de la IA: el peligro de la comoditización. En el mundo de la economía, se conoce como *commodity* a un producto abundante e indiferenciado. Por ejemplo el trigo, que se compra por toneladas sin distinguir marcas u orígenes. Un quintal de trigo de Estados Unidos es indistinguible y tiene el mismo precio que uno que viene de Australia. Comoditizar es, entonces, nivelar para abajo: suprimir las diferencias y matices, volviendo una cosa absurdamente abundante e indistinguible de otras. En ese escenario, encontrar la composición valiosa entre los miles de libros escritos de manera mecánica puede volverse un desafío imposible.

En esta escala masiva de producción vuelve a entrar en escena la dificultad de delimitar la frontera entre la autoría y el plagio. Las IA generadoras de imágenes, como DALL-e y Midjourney, han aprendido de emergentes estadísticos de enormes volúmenes de datos de creaciones humanas previas. Cuando les pedimos una creación, la hacen en función de lo aprendido de antecesores como Gustav Klimt, Pablo Picasso o Miguel Ángel. Para muchos, es un simple plagio. Otros cuestionan esa idea: casi toda la Historia del Arte se apoya en reversionar lo que ya hizo alguien antes. No hay un solo artista que no haya creado en base al legado de sus predecesores. Ocurre en la narrativa, en la gastronomía, en la cerámica y en la música clásica. Esta zona ambivalente entre la inspiración y el plagio, que ya revisamos en las ideas de Orson Welles sobre la autoría y la falsedad, se vuelve más evidente con la IA. ¿Hasta dónde puede prohibirse o permitirse el uso de ideas anteriores en el cúmulo creativo de la cultura humana

Exageremos este concepto en una caricatura. Cuando Paul McCartney y John Lennon empezaron a tocar juntos, apenas dominaban tres acordes: *mi*, *la* y *re*. Para ampliar sus opciones, decidieron ir hasta otra ciudad en busca de un músico que sabía hacer el acorde del *si*. ¿Qué hubiera ocurrido si el «si», el «re», o la secuencia armónica más utilizada en la música —la de «do, fa, sol» (primer, cuarto y quinto grado)— hubiesen estado patentados? La posibilidad de apropiarse de los ladrillos creativos, de privatizarlos, destruye el proceso artístico.

La pregunta de fondo quizá no sea tanto si es lícito o no usar ideas anteriores, sino cuánto trazo propio debe tener una obra para poder considerarnos sus autores. ¿La medida sería el esfuerzo invertido? Parece claro que esto solo no es suficiente: ya hemos visto lo que sucedió en el caso de Cattelan. De la misma forma, el valor del famoso cuadro *Blanco sobre blanco* del artista ruso Kazimir Malévich no estaría en el tiempo invertido, ni en el trabajo ni los materiales, sino en la idea. No es difícil ser «un Elvis». Lo difícil es ser Elvis.

A las inteligencias artificiales generativas se les da especialmente bien producir «al estilo de»: pueden componer música a lo Schubert, son bastante buenas imitando a Dickens, y logran hacer variaciones de un Picasso. Un estilo se identifica porque hay algún tipo de recurrencia o patrón. Puede ser el uso de una clase de palabras o frases, una elección de colores o el modo de uso del pincel. Estos son justamente los atributos que una red neuronal identifica con facilidad. Por eso, el estilo artístico —que nos resulta virtuoso y mágico— puede ser fácilmente imitado por una IA, o por los cientos de Elvis que circulan por los bares. Darnos cuenta de que se pueden replicar sin dificultad las creaciones artísticas que más nos sorprenden y que su elaboración no es tan sofisticada como parece, nos da un baño de humildad que no nos viene mal.

La enorme simplificación del proceso creativo tiene el riesgo de la comoditización, pero también puede llevar el arte a lugares inimaginados. El estilo de Vincent van Gogh, que tanto admiramos, es consecuencia de años y años de experimentación, acumulación de cultura y serendipia humana. Una inteligencia artificial puede acelerar este proceso. Puede emular el conflicto que lleva a un artista a producir una obra, o buscar una estética que sea coherente con ciertas sensibilidades humanas. También puede tener en cuenta las convenciones sociales y qué tipo de reacciones o emociones puede producir su obra. Incluso introducir una buena dosis de azar. Y puede iterar este proceso indefinidamente y a una velocidad vertiginosa para replicar otra posible historia del arte en apenas unos minutos y crear nuevos impresionismos, cubismos y otros estilos que no imaginamos. Las posibilidades creativas de este mundo híbrido serán tan extraordinarias como desafiantes e impredecibles.

6

El terremoto educativo

Rigidez, elasticidad y plasticidad

La IA generativa y conversacional va a movilizar indefectiblemente muchos de los pilares de nuestra sociedad, como el trabajo, la educación, la salud y la política. En un escenario tan volátil es imposible predecir de manera detallada cómo tales dimensiones pueden transformarse y, junto con ellas, nuestra vida y nuestro mundo. Pero podemos al menos identificar algunos principios generales que nos orienten en este embrollo usando la siguiente analogía: algunos materiales, los rígidos, no cambian su estructura interna cuando reciben una fuerza. Otros, los elásticos, se deforman y luego recuperan su forma original. Y los materiales plásticos, como el barro, adquieren una nueva forma y la mantienen aun cuando la fuerza desaparece. Podemos ahora extrapolar cada una de estas respuestas a las transformaciones sociales. Veámoslo en un ejemplo: durante la pandemia, se produjeron cambios radicales en muchas instituciones. Pero gran parte de esas modificaciones desaparecieron tan pronto como cesó la presión impuesta por el riesgo de contagio. Fuimos más elásticos que plásticos. Este ejemplo, sin embargo, nos presenta una diferencia sustancial con respecto al impacto que puede tener la tecnología sobre la sociedad: la presión ejercida por la pandemia fue transitoria. La que nos impone la IA, en cambio, ha llegado para quedarse.

Sigamos con nuestra analogía. Muchos materiales pueden aguantar grandes fuerzas si estas se aplican progresivamente (como una goma elástica o un músculo) pero se parten si esa fuerza se aplica de manera demasiado brusca y veloz. En estos contextos, los sistemas plásticos resultan menos frágiles. Este parece ser el caso que aquí nos interesa: el advenimiento de la IA no será suave ni progresivo y ejercerá una fuerza abrupta en todas las aristas de la sociedad. Por supuesto que esto es solo una metáfora. La sociedad no es un resorte, ni un cuerpo rígido, ni una masa de plastilina. Pero estos conceptos nos ayudan a comprender transformaciones más complejas que, de otra forma, serían muy difíciles de conceptualizar.

Es importante recordar que muchas de las instituciones fundamentales, como el sistema legal, fueron intencionalmente constituidas con una buena dosis de rigidez, para proporcionar estabilidad en aspectos clave de nuestras sociedades. Esta rigidez las hace menos volátiles pero, por la misma razón, les da una gran inercia que les dificulta adaptarse a cambios abruptos de contexto como el de la transformación tecnológica de la IA. Es muy probable que seamos testigos, o protagonistas, de esta tensión en el futuro: un elefante pesado, en medio de una tormenta, que requiere gran agilidad.

El peligro de cambiar y el de no hacerlo

En un entorno estable, como el que nos ha acompañado la segunda mitad del siglo XX, la educación se construyó sobre una asimetría de conocimiento entre los que sabían mucho y enseñaban, y los que sabían poco y aprendían. En el aula, salvo contadas excepciones, como las escuelas rurales o en la educación por pares, los expertos son adultos y los aprendices niños. Algunos aspectos estructurales y arquitectónicos de la organización del aula, como la disposición de los bancos mirando al frente, desde donde un docente imparte el saber que los demás no tienen, reflejan y promueven este flujo unidireccional de información.

Este principio, en apariencia tan natural, puede quedar en jaque cuando el objeto de estudio cambia día a día. Precisamente porque los adultos disponen de menos tiempo y motivación para aprender y los niños o adolescentes pueden estar —en algunos temas específicos— más informados que los adultos. Podemos apreciar esta ruptura de asimetría en un ejemplo que nos convoca a todos: ¿cuán seguido les pasaba que sus padres les pidieran ayuda? ¿Y que ahora ustedes se la pidan a sus hijos? No nos referimos a ayuda del tipo hacer una compra o lavar los platos, sino a estar en una situación en la que ellos saben más. En temas tecnológicos muchas veces los adolescentes se manejan mucho mejor que sus padres.

Douglas Adams, autor del célebre libro *The Hitchhiker's Guide to the Galaxy* propuso una definición de «tecnología» basada en tres máximas:

1. Todo lo que ya existía cuando naciste es normal y común, y simplemente es una parte natural de cómo funciona el mundo.
2. Todo lo que se inventa entre tus 15 y tus 35 años es nuevo, emocionante y revolucionario y algo a lo que quizá podrías dedicar tu carrera.
3. Todo lo que se crea después de cumplir 35 años ¡va contra el orden natural de las cosas!

En otras palabras, a medida que se aceleran los cambios, más aspectos del mundo presente pasan a ser naturales para los jóvenes y extraños para los mayores.

La llegada de la tecnología y su consecuente redistribución de conocimiento entre generaciones no es la única fuente que interpela a un sistema unidireccional de educación. Una segunda fuerza viene de avances sociales que han revisado la relación de la autoridad en toda la sociedad, y en particular en el aula: recordemos que apenas un par de generaciones atrás, por absurdo que hoy nos parezca, el castigo físico a los niños era una práctica común tanto en las casas como en las escuelas. Era fácil conseguir que hubiera silencio en el aula cuando las consecuencias de la indisciplina eran recibir un reglazo. Como padres, como educadores, y como parte activa de la sociedad, nos enfrentamos ya hace tiempo al desafío de construir bases nuevas para la autoridad. Y, a fin de cuentas, el recurso que está en el corazón de esta disputa es la atención. Uno de los asuntos más difíciles de resolver para cualquier maestro es que un grupo numeroso de niños «ceda» su atención de manera sostenida. Que no hablen, lancen objetos, se sumerjan en sueños o para, introducir el elemento crítico que nos incumbe, enciendan su teléfono en el que se han descargado un buen número de aplicaciones que compiten con el docente y tienen una ventaja descomunal para atraer la atención de los chicos. La atención, a su vez, está intrínsecamente ligada con la motivación.

Pese a todas estas consideraciones, en un mundo que ha cambiado vertiginosamente en pocos años, el funcionamiento de una clase hoy no es muy distinto al del siglo pasado. Esto es fuente de queja recurrente, porque el sentido común sugiere que la educación debería seguir el ritmo de cambio del mundo. Y si bien esa idea tiene sentido, debemos tomarla con cierto cuidado: sumarse imprudentemente a la ola del cambio y adoptar cada moda que emerge sin pensar los riesgos que esto puede implicar, lleva a una posición inestable e ineficiente tanto como quedarse en el otro extremo y permanecer completamente inmóviles. La virtud está en algún punto medio, el de decidir qué cambios hay que hacer y cuáles hay que ignorar, identificando los riesgos y ventajas de cada una de estas opciones.

Los cambios en el mundo de la educación suelen presentarse con una percepción de riesgo distinta a otros dominios. Nadie osaría ser muy creativo con la estructura de un puente, o con un procedimiento quirúrgico, porque se entiende que los cambios tienen que hacerse con controles que muestren que no presentan riesgos considerables. Pero, por algún motivo, muchos no pensamos en los riesgos cuando se nos ocurren ideas ingeniosas e innovadoras para mejorar la educación. Hay una presunción de que el problema es más simple de lo que parece y se tiende a ignorar las consecuencias que tendrán esos cambios a largo plazo en niños y adolescentes. En el pasado, algunos modelos educativos muy innovadores resultaron ser fracasos estrepitosos. Pero la decisión de no cambiar también tiene riesgos que la resistencia al cambio y la inercia nos llevan con frecuencia a pasar por alto. Y, probablemente, esa indecisión continúe ampliando la brecha entre las habilidades que requiera de nosotros el futuro y aquellas en las que nos entrena nuestro sistema educativo presente. ¿Cuál será el impacto de la IA en los objetivos, los métodos y los contenidos de las escuelas? ¿Qué transformaciones debería experimentar la educación y qué principios no deberían cambiar? ¿Y qué riesgo es menor: cambiar en exceso o demasiado poco? En medio de una neblina inevitable, nos sumergimos en los mundos que abren estas preguntas.

El futuro, implacable e impredecible

En momentos de cambios vertiginosos, no conviene ser el equipo que corre siempre detrás de la pelota. Es importante identificar aquellas cosas que resulta necesario cambiar y, por el contrario, aquellas que son esenciales y debemos mantener. Decidir qué pelotas hay que seguir a toda costa y cuáles conviene dejar que se vayan, manteniendo la posición en el terreno.

Pongamos un ejemplo para entender cuándo la resistencia al cambio obedece al mero deseo de sostener tradiciones, y cuándo a argumentos sólidos de principios que conviene mantener. En la escuela primaria, hasta hace algunas décadas, estaba prohibido escribir con bolígrafo. Se forzaba el uso de la pluma estilográfica, como heredera del dispositivo anterior, la pluma y el tintero. Por efecto de la inercia, se daba en ese momento una importancia desmesurada al uso de una herramienta que ya no tenía ningún valor educativo per se. Hoy podríamos ceder a la tentación de hacer una analogía con la diferencia entre la escritura a mano y aquella que se realiza con ayuda de un teclado. ¿Por qué deberían los niños aprender la letra cursiva manuscrita si disponen de teclados en sus dispositivos? ¿No estaría hoy la letra manuscrita tan obsoleta como la pluma estilográfica hace unos años? Pero resulta que el uso de la letra manuscrita para escribir tiene repercusiones en el desarrollo cognitivo y de la motricidad e, incluso, en la adquisición de la competencia lectora. Aquí, la resistencia al cambio puede no ser banal y conservadora sino, por el contrario, una forma de cuidar aspectos esenciales de la educación. Este es el ejercicio difícil: ¿qué otros cambios en la educación equivalen al reemplazo inocuo de plumas por bolígrafos y cuáles al más peligroso de bolígrafos por teclados?

La educación es la herramienta más importante de la que disponen las sociedades para modelar su futuro, tanto en el plano individual como colectivo. Por un lado, en la que ya fuera la visión de Immanuel Kant, debe empoderar a cada niño para ayudarlo a cumplir con el proyecto que imagina para sí mismo. A no repetir lo que heredó, lo que le enseñaron las figuras de autoridad que lo rodearon. La educación pública vino a interrumpir la perpetuación hereditaria de los oficios. Antes, el hijo del carpintero era carpintero; el del herrero era herrero. Cuando se impuso la educación pública, cada niño empezó a recibir una educación universal que le daba una mochila de recursos que lo equipaba para optar libremente por su camino en la vida. Lo mismo que sucedió en el dominio de los oficios ocurrió en el mundo de las ideas. La escuela renacentista tenía como propósito brindar los recursos que permitieran a los niños pensar con libertad. Esta visión entra en conflicto (aunque no irresoluble) con una concepción más utilitaria de la escuela, que puede resumirse en la expresión tan repetida de que debería prepararnos para los oficios del futuro. El problema, claro, es que, en un mundo que cambia cada día, ¿cuáles serán los oficios del futuro?

Una forma simple de pensar sobre este asunto es reducir la complejidad de las habilidades a solo dos dimensiones: su utilidad y su dificultad. No parece tener mayor sentido enseñar cosas sin valor, inútiles, y tampoco destinar parte del tiempo en el aula, recurso tan limitado, a la enseñanza de habilidades que es fácil desarrollar fuera de la escuela. Aprender a encender una cerilla puede ser útil, pero no merece ser incluido en el currículo. Este esquema nos ordena y convierte una pregunta muy amplia y compleja en otra un poco más sencilla: ¿cuáles son las áreas y disciplinas que combinan valor y dificultad? Decimos apenas un poco más sencilla porque el problema es qué hacer cuando algo que era útil o valioso deja de serlo.

Para pensar en este problema, podemos imaginar una escuela en el antiguo Egipto. Probablemente, la asignatura más importante sería Construcción de pirámides, ya que durante unos mil años erigir estas enormes estructuras era una tarea central. Sin embargo, alrededor del año 1700 a. C. la edificación de estos templos se detuvo. No obstante, no sería sorprendente que, en estas escuelas egipcias que imaginamos, se mantuviera esa asignatura en el currículo por otros cincuenta años. Pasado ese tiempo, alguien posiblemente cuestionara si no era ya el momento de asignar esas horas de cátedra a alguna habilidad distinta. Y, sin temor a equivocarnos, suponemos que la respuesta abrumadora sería que no, que obviamente había que seguir enseñando Construcción de pirámides. Algunos quizá defendieran que era una tradición, otros resaltarían la posibilidad de que quizá en el futuro volverían a construirse; otros plantearían el problema de la cantidad de profesores especializados que se quedarían sin trabajo. Pasados otros cincuenta años, tal vez, reaparecería el cuestionamiento y, un siglo más tarde, se haría finalmente el cambio de asignatura. Esta historia apócrifa, igual que el ejemplo reciente de la pluma y el bolígrafo, muestra lo difícil que resulta aceptar que algo que era muy útil ha dejado de serlo.

Ahora nos queda abordar el caso opuesto: ¿qué sucede cuando algo que era valioso y difícil mantiene su utilidad, pero pierde su dificultad? Para analizar este escenario, pensemos en lo que sucedió con las operaciones aritméticas cuando apareció la calculadora. A partir de ese momento, resolver la suma o el producto de dos números de varias cifras, que era un procedimiento trabajoso y que tomaba cierto tiempo, se resolvía con solo apretar unos pocos botones. ¿Significaba eso que ya no tenía sentido enseñar a sumar y a multiplicar? La respuesta es que algunas cosas sí y otras no.

En primer lugar, el concepto mismo de cada operación, la idea de que las cantidades pueden sumarse y combinarse, o fraccionarse, es un ladrillo importantísimo del pensamiento que se extiende a todo el razonamiento, mucho más allá de la aritmética. La calculadora simplifica el proceso para obtener un resultado, pero no reemplaza el aprendizaje de este concepto fundamental. En segundo lugar, está el proceso de memorizar las tablas de multiplicar y poder resolver con destreza y velocidad otros cálculos mentales muy simples. Aun si son odiadas por muchos, las tablas seguirán resultando importantes, dado que no queremos tener que recurrir a un dispositivo externo cada vez que vamos a una tienda a comprar varias unidades de lo que sea o nos devuelven cambio. No es casual que aprendamos las tablas hasta el 10, que nos dan el entorno numérico que podemos encontrar con frecuencia en la vida cotidiana. El manejo ágil y versátil de los números pequeños es una herramienta fundamental de la inteligencia humana.

Así como estos dos aspectos de la aritmética siguen siendo necesarios, otros se vuelven obsoletos, por ejemplo, aprender a implementar a rajatabla un algoritmo de multiplicación, que nos permite resolver sin calculadora cuentas como 456 × 348, siguiendo pasos memorizados (multiplicar el de la derecha por el de la derecha, anotar la unidad, «llevarse» la decena, etc.). Aplicar esa receta no requiere entender nada sobre la matemática y se puede hacer sin pensar, y, sin embargo, cubre buena parte de las horas dedicadas a este tema en el aula y su aplicación mecánica es una parte central de lo que se evalúa. En muchos casos, incluso, se interpone en el camino del aprendizaje conceptual de fondo. En definitiva, lo interesante del algoritmo es crearlo y pensarlo, no aplicarlo ciegamente. Una solución a este problema concreto es el uso del ábaco, que permite internalizar un algoritmo, establecer representaciones intermedias en nuestra red neuronal y adquirir la virtud general de embeber la aritmética en el espacio y el movimiento. El ábaco es un posible «bolígrafo» para reemplazar a viejos algoritmos de multiplicar que hacen las veces de la pluma estilográfica de la aritmética.

El sedentarismo intelectual

En el capítulo tres, hemos contemplado los problemas que encontraría un adulto criado hace diez mil años para sobrevivir en el presente. Aquí conviene hacer el ejercicio contrario. ¿Qué nos pasaría a nosotros, con toda nuestra formación y cultura acumulada durante siglos, si hiciéramos un viaje al pasado? Casi con seguridad, nosotros estaríamos más desvalidos en la prehistoria que un cavernícola en el presente. En ese mundo primitivo, encender un fuego para cocer los alimentos o para calentarnos resultaba crucial para la supervivencia, pero no había cerillas. Y la mayoría de nosotros no sabemos cómo crear una llama a partir de piedras o palitos. Tampoco recordamos cómo navegar sin GPS o conseguir alimento si no hay supermercados. En definitiva, la incorporación de herramientas que hicieron nuestra vida más sencilla nos hizo perder muchísimas habilidades.

Actualmente corremos el riesgo de perder capacidades que son esenciales. Hay muchos pilares básicos de la cognición que son vitales para el pensamiento. Estos incluyen, entre otros, la capacidad de concentrarnos, la competencia lectora, el buen uso del lenguaje y el pensamiento lógico y matemático. Algunos ladrillos fundamentales no cambian. La clave, entonces, es separar lo importante de lo accesorio para no dejar por completo en manos de las máquinas aquellas habilidades que no deberíamos perder. Si el escenario futuro es muy incierto, debemos asegurarnos de no perder este tipo de capacidades que ayudan a que cada persona sea autónoma en distintas áreas del pensamiento. Algunas corrientes reformistas de la escuela basan sus decisiones en un enfoque que cobra cada vez más impulso: una visión clientelista de la educación que tiene que ser vendida, como buen producto de marketing, a sus consumidores, los estudiantes y sus padres. Y, por lo tanto, tiene que ser divertida, colorida, original y, además debe justificar, en cada uno de los tramos, la utilidad inmediata y evidente de lo que se está enseñando. Este enfoque marketiniano y cortoplacista de la educación presenta un riesgo sustancial: que dejemos de enseñar el valor del esfuerzo y de la concentración, del permanecer tres horas sentados, enfocados en algo difícil con la intención de resolverlo. Podemos incluso olvidar que, para llegar a lugares bellos, es indefectible a veces pasar por lugares difíciles y oscuros y que para eso hace falta tenacidad y resiliencia.

Perder la capacidad de calcular, de mantener la atención o de realizar durante un tiempo un esfuerzo deliberado para resolver un problema difícil, forma parte de un fenómeno que llamamos *sedentarismo cognitivo*. Este concepto resultará más claro con un ejemplo del ámbito del cuerpo. Hace más de cien años que tenemos máquinas que nos transportan y podríamos imaginar un escenario futuro en el que directamente dejemos por completo de caminar y recurramos a la ayuda de un dispositivo para desplazarnos, ya sea un coche, una moto o un patín eléctrico. Si esto fuese posible, ¿lo elegiríamos? La mayoría pensamos que no, porque es bastante claro que renunciar por completo a la actividad física no es bueno para nuestro futuro y la falta de movimiento genera consecuencias negativas claras para nuestra salud. Y pese a saberlo, hoy en día ya caminamos mucho menos que nuestros antepasados.

Esta analogía entre el movimiento mental y el del cuerpo nos sirve para pensar cuáles pueden ser las ventajas y las desventajas de apoyarnos en la IA para muchas habilidades cognitivas. La bicicleta puede servir como ejemplo de un equilibrio razonable. Usándola mantenemos el esfuerzo, pero con el mismo trabajo logramos llegar mucho más lejos que si vamos caminando. La usamos para potenciar nuestro alcance, sin anular nuestras capacidades. El riesgo aquí radica en delegar excesivamente habilidades que sean cruciales para nuestro proceso de pensamiento y así perder autonomía en aspectos esenciales de la vida. De la misma manera en que no podemos darnos el lujo de dejar de caminar, tampoco deberíamos habilitar un uso de IA que acabe por hipotecar nuestro futuro, y que nos haga totalmente dependientes de esa herramienta.

Teniendo a disposición máquinas que nos permitan aprobar cualquier examen sin saber nada, la tentación de elegir el camino del menor esfuerzo y apoyarnos completamente en ellas será grande, pero tanto como lo es tomar un transporte en vez de caminar o correr treinta minutos hasta nuestro destino. Y aquí la paradoja: los que confían todos sus desplazamientos a un coche, son los mismos que luego pasan horas en un gimnasio corriendo en una cinta. ¿Realmente queremos pasar todos los exámenes sin esfuerzo? En este punto nos puede ayudar otra metáfora: pensar a la vida como un videojuego que transcurre en un lugar desconocido que hay que ir explorando. No está claro de antemano qué es lo que hay que hacer ni cómo. Descubrir eso es, justamente, el desafío. En el camino, encontramos herramientas y llaves cuyo uso tampoco es claro en el momento, pero que luego resultan cruciales para seguir avanzando.

La vida y la escuela funcionan de una manera similar. Vamos descubriendo nuestro rumbo a medida que avanzamos, construyendo capacidades que quizá algún día sean imprescindibles para lograr aquello que nos propongamos. La clave, entonces, es entender que la educación está repleta de llaves que pueden abrir puertas en un futuro que hoy ni siquiera podemos concebir o vislumbrar. Si aprender el contenido de un examen fuese la llave que algún día abrirá las puertas de tu proyecto de vida, ¿de verdad querrías que ahora sea ChatGPT quien abra la cerradura?

Espacio para lo nuevo

Alinear la educación con las capacidades que resultarán indispensables para el futuro implicará seguramente incorporar cosas nuevas. Por un lado, hay áreas que históricamente no recibieron suficiente atención en el sistema educativo, como el manejo de las finanzas personales o aprender a hacer una buena exposición oral. Por otro, dado que los cambios tecnológicos generan también nuevas necesidades, hoy parece esencial, por ejemplo, que los adolescentes aprendan a lidiar con los mecanismos de adicción instrumentados por los algoritmos de las redes sociales y sus posibles efectos sobre la salud mental.

Como parte de una investigación, confeccionamos una lista de veintidós áreas temáticas y la entregamos a docentes, madres, padres y estudiantes. Dentro de esas veintidós áreas, incluimos once que son hoy centrales en el currículo escolar, y otras once que no lo son. Pedimos a estos tres grupos que las calificaran de acuerdo con su importancia. Si bien casi todas fueron vistas como importantes, nueve de las once más valoradas fueron áreas que no ocupan un lugar prioritario en el currículo actual. Lo más sorprendente, quizá, es que el orden de la lista fue prácticamente idéntico en los tres grupos. Parece que existe consenso acerca de cuáles son hoy los temas prioritarios en el tiempo limitado del aula y también acerca de que muchos de esos temas no son los que se priorizan hoy en día.

Aquí nos metemos en un terreno espinoso porque el tiempo de la escuela es finito, y por lo tanto hacer espacio para lo nuevo requiere otorgar menos importancia a otras cosas. Seguramente sea mucho más fácil consensuar la lista de asignaturas nuevas que la de áreas a eliminar. ¿Cuáles son las asignaturas del tipo Construcción de pirámides de nuestra época? ¿Qué cosas seguimos haciendo por inercia, o al menos son menos importantes para el futuro que otras que necesitamos incluir?

Por estar aún en las fases más tempranas del «videojuego de su vida», no es esperable que los chicos tengan una perspectiva clara de cuáles son las habilidades clave para su presente y sobre todo para su futuro. Pero debemos cuidarnos también del sesgo antiinnovador, al que somos más propensos los adultos. Por ejemplo, hasta hace muy poco, y quizá todavía hoy, se le asignaba mayor mérito al que tocaba el violín que a alguien que tocaba la guitarra eléctrica, así como en su momento se juzgó negativamente a los pintores impresionistas por utilizar técnicas que carecían de valor para los ojos de la época. En la actualidad, podemos ver esto mismo con los e-sports. Es muy raro que alguien critique a un niño que se esfuerza descomunalmente para convertirse en un gran tenista o gimnasta. En cambio, a un campeón del videojuego FIFA o de la League of Legends se lo ve como un ludópata y perezoso, y se considera que hace peligrar su desarrollo dedicando esa cantidad de horas a una actividad improductiva.

Podemos buscar argumentos que justifiquen esta creencia, por ejemplo el sedentarismo de los e-sports comparado con la actividad física que implica un deporte tradicional. Pero tocar el violín o jugar al ajedrez también implica muchas horas de relativa inactividad física, y en general elogiaríamos a un niño que estudiara horas y horas para poder sacar una melodía. Evidentemente, operan en este punto ciertas convenciones sobre cuáles son las actividades que tienen valor social y cuáles no, y la evidencia histórica muestra que, cuando hemos querido identificar las capacidades y oficios que serán útiles en el futuro, hemos fracasado. Entonces, a la hora de evaluar la importancia de un oficio, lo mejor es dudar: ¿deberíamos dejar que un adolescente juegue cinco horas al Fortnite? ¿Ser *gamer* es un arte? ¿Por qué eso sería diferente de ser un buen pianista, si ambas actividades consisten en mover eficientemente los dedos sobre un montón de botones? Deberemos tener cuidado con la distorsión de la perspectiva adulta.

Finalmente, si bien es cierto que los chicos pueden no saber aún con precisión qué es lo importante para su futuro, es imprescindible lograr que crean profundamente en el valor de lo que se les enseña. Porque si están convencidos de que lo que estudian no les sirve, la profecía se cumple.

¿Qué nos pone en movimiento?

El aprendizaje solo es efectivo si quien aprende está motivado. Esto no es un principio ético o moral, sino biológico, porque la motivación es el ingrediente indispensable para activar los mecanismos químicos cerebrales que posibilitan el aprendizaje. El neurofisiólogo Michael Merzenich descubrió, hace ya más de veinte años, que la mera repetición de un estímulo en general no alcanza para transformar las sinapsis del cerebro. Es necesario que este proceso suceda en el mismo momento en el que se activan unas neuronas, en una región profunda del cerebro conocida como el área ventral tegmental, que producen e irrigan dopamina al resto del cerebro. Solo entonces, cuando el cerebro está bañado en dopamina, se vuelve plástico y la exposición a un estímulo puede transformar sus circuitos sinápticos. De la misma manera que el barro solo es plástico cuando está húmedo, o el vidrio solo es moldeable cuando está a muy alta temperatura, los circuitos cerebrales irrigados por dopamina se vuelven maleables y predispuestos al cambio. En ausencia de este neurotransmisor, en cambio, la mayoría de los circuitos neuronales son rígidos y poco adaptables. Ahora que hemos establecido la relación entre dopamina y plasticidad nos queda «solo» saber cuándo se activan las neuronas que la producen. Y si bien la respuesta es compleja y merecería un libro entero, puede resumirse en una frase: hay dopamina cuando estamos motivados. Por eso la motivación es una condición necesaria para el aprendizaje.

Durante muchas décadas, la motivación provenía de fuentes extrínsecas: evitar el castigo, sea en forma literal o simbólica, o el estigma de una mala nota. Todos celebramos que esas prácticas del pasado hayan caído en desuso y, sin ningún ánimo de volver a ellas, conviene entender que en el camino dejaron a la mesa sin una pata. Prescindir de aquellas motivaciones extrínsecas y negativas requiere que se las reemplace por otras intrínsecas: la curiosidad, el desafío y la certeza de que el conocimiento adquirido es valioso.

Todos los logros importantes de la vida requieren cierto grado de esfuerzo y de tolerancia a la frustración y a la fatiga. Sin embargo, en nuestros días, se vende como pan la ilusión de una educación creativa y productiva sin esfuerzo. Y así aparecen distintas versiones de una escuela «TikTokera», que mantenga a los alumnos obnubilados a un ritmo dinámico y magnético. Esto inunda el cerebro de dopamina, es cierto, pero falla por una razón que ya hemos visitado. Se está externalizando una de las cosas más importantes que un niño debe resolver: aprender a recurrir a su sistema de motivación y esfuerzo para resolver problemas difíciles, de todo tipo, útiles o no, que se encuentre en el camino. Es, para seguir nuestro concepto, un sedentarismo emocional. Ya no solo delegamos los fundamentos de la cognición en una calculadora, o el movimiento en un coche, sino los fundamentos de la motivación en un algoritmo que se vuelve estrictamente necesario para activarlos.

Razonar, memorizar, evaluar

La memoria, como el lenguaje, la atención o la motivación, es un recurso fundamental del pensamiento. La capacidad de elegir qué datos son importantes y retenerlos para usarlos más tarde es tan vital que, solo en el momento en el que la IA la adquirió a través de los transformers, empezamos a percibirla como verdaderamente inteligente. Sin memoria, no hay pensamiento ni inteligencia, ni artificial ni humana.

Pese a ser tan esencial, en el contexto de la educación, la memoria ha tenido «mala prensa» porque se la asocia con ejercicios poco productivos, como recitar los nombres de los ríos de Europa o los años de los distintos períodos de la dinastía borbónica. Pero el problema no es el ejercicio de la memoria, sino la forma particular en que suele enseñarse. Aprender los ríos de Europa o las capitales del mundo no es importante por lo que significan esos datos. Solo cobra sentido como medio para invocar información pasada y recuperarla a voluntad, para establecer relaciones y elaborar un hilo narrativo entre la información nueva que recibimos y nuestros conocimientos previos. Por eso, para aprender realmente acerca de los ríos de Europa conviene achicar la lista y entender aspectos como qué países cruzan, qué civilizaciones dividen, qué actividad económica posibilitan y cómo se conectan con otros ríos. Este tipo de ejercicio intelectual requiere práctica y conlleva esfuerzo. El buen uso de la memoria da lugar a un aprendizaje profundo ubicado en las antípodas del conocimiento inerte, que permanece desconectado de nuestra experiencia y de los conocimientos que ya hemos adquirido.

Esto nos lleva a una idea muy estudiada en la ciencia de la educación. Ejercitar bien la memoria, y el resto del pensamiento, depende en gran medida de cómo se enseña, pero en igual o mayor medida de cómo se evalúa. La evaluación nos da una medida de qué y cuánto se ha aprendido, pero sobre todo comunica implícitamente qué es lo que se tiene que ejercitar. Es «la función de valor» de la red neuronal de un estudiante. Si en un examen de historia se pregunta un listado de fechas de muertes y nacimientos, será así como estructuren su memoria. Si se pide que retengan información de manera duradera, asociativa, entrelazada con el resto de su pensamiento, se está promoviendo el aprendizaje profundo.

En los exámenes, el mal uso de la memoria puede hacer estragos. Una idea repetida entre quienes cuestionaron los exámenes de memoria fue: «Si la respuesta a una pregunta de examen está en

Google, ¡el problema es la pregunta, no la respuesta!». Conviene atender a esta idea, pero también revisarla a la luz del sedentarismo de funciones cognitivas que ya hemos visto. El «no hace falta aprender datos de memoria porque están en Google» se parece al «no hace falta saber sumar o multiplicar porque tenemos calculadoras que lo resuelven».

Por si todo esto fuera poco, el desafío de cómo establecer buenas evaluaciones se encuentra ahora con un desafío mucho mayor: ChatGPT es a los trabajos de desarrollo y articulación de ideas lo que Google era a los exámenes de memoria. Un estudiante con acceso a las IA generativas puede responder a consignas complejas que requieren elaboración de argumentos sin saber absolutamente nada, igual que antes podían responder a un dato objetivo (buscando en Google) o a una operación numérica (usando una calculadora). ¿Qué hacemos entonces? ¿Qué enseñamos? ¿Qué evaluamos? Aquí nos sirve como brújula la idea de sedentarismo cognitivo. Que una máquina pueda realizar una función no implica que tengamos que abandonarla. No dejamos de caminar porque haya trenes. No deberíamos dejar de pensar cantidades, aunque haya calculadoras, ni de memorizar datos relevantes, aunque estén en Google. Y, de la misma manera, no parece buena idea prescindir del razonamiento ni de la elaboración de ideas aunque exista ChatGPT.

Más allá de cualquier consideración sobre teorías educativas, el chat presenta un desafío conciso y concreto. Y urgente. ¿Cómo evaluar el razonamiento si los alumnos tienen a su disposición una máquina que razona, escribe y resuelve problemas? Una de las reacciones más comunes en esta etapa inicial ha sido prohibir su uso. Es, sin duda, lo más simple. Salvo por dos inconvenientes. El primero es de orden práctico. La prohibición es incompatible con muchas formas modernas de evaluación, por ejemplo, hacer los deberes en casa. La segunda es que aleja de la escuela una herramienta que será un compañero de viaje en casi todos los dominios.

¿Cómo examinar entonces en la era del ChatGPT? Una alternativa propuesta por el psicólogo experimental Dan Ariely es recuperar la oralidad. El docente entrega, al principio del semestre o cuatrimestre, un listado detallado con todas las preguntas que pueden ser parte del examen final. Habilita el uso de todo tipo de material en la fase de preparación, incluyendo ChatGPT. Pero la evaluación es oral, lo que ubica a los alumnos en la situación de hacer uso del conocimiento adquirido sin usar esa ayuda externa. Esto se parece, como solución, a lo que hemos visto que sucede en el ajedrez. Ahí, la IA es una herramienta fundamental para entrenar, para producir ideas, para adquirir un estilo, para pensar. Pero luego, en la partida (salvo que se haga trampa), cada jugador va con su propio cerebro. Igual que un tenista entrena con un preparador, pero luego sale solo a la pista. La solución tiene muchas virtudes, pero también un problema práctico: es poco escalable porque es muy ineficiente para el evaluador cuando se trata de cursos grandes.

Otra estrategia similar es habilitar el uso del chat para el estudio y, al evaluar, volver al tradicional examen escrito a libro cerrado: el alumno puede prepararse con todas las herramientas, pero al momento de rendir, está solo con una hoja en blanco. El problema de este enfoque es que aleja la situación de examen de lo que habitualmente se nos presenta en la vida, donde tenemos que resolver problemas complejos pero disponemos de todas las herramientas a nuestro alcance.

¿Existen otras soluciones? Definitivamente sí, pero encontrarlas es un desafío. Vaya aquí un ejemplo que quizá resulte inspirador. En una escuela española, una profesora de inglés pidió a los estudiantes que escribieran un ensayo acerca de cierto tema. El siguiente paso era cargar la producción en ChatGPT y pedirle que realizara las correcciones que creyera precisas. Y ahora viene el truco ingenioso: el material a entregar, junto con esas dos versiones, era la revisión de cada una de las modificaciones propuestas por el chat, decir si eran o no pertinentes y justificar por qué se aceptaba o no cada uno de esos cambios. En la intuición de una gran profesora se reúnen muchos conceptos que hemos destilado sobre el buen uso de la inteligencia artificial: utilizarla en un proceso de evaluación crítica, que nos haga reflexionar e identificar dónde y cómo podemos mejorar nuestras ideas. En resumen, se trata una vez más de valernos de una conversación para aprender a pensar.

Un aula clásica y moderna

Existe mucho terreno a explorar en el uso de ChatGPT y otras IA generativas para enriquecer los métodos pedagógicos. Como en el resto de los aspectos que analizamos hasta aquí, el futuro ofrece opciones fascinantes de cooperación entre humanos y máquinas. El camino estará plagado de objeciones y resistencias como ha sucedido con la irrupción de todas las tecnologías. Sócrates fue un crítico de la escritura y un defensor de la oralidad. El filósofo, que no escribió ninguno de sus textos, en su diálogo con Fedro, decía de la escritura: «Porque es olvido lo que producirán en las almas... al descuidar la memoria, ya que, fiándose de lo escrito, llegarán al recuerdo desde fuera, a través de caracteres ajenos, no desde dentro, desde ellos mismos y por sí mismos. No es, pues, un fármaco de la memoria lo que has hallado, sino un simple recordatorio». Son argumentos parecidos a los que hemos esbozado del sedentarismo intelectual, con la ventaja de que aquí podemos pensar estas ideas a la luz de lo ocurrido. Hoy nadie cree en una defensa pura de la oralidad. Pero el argumento de Sócrates sigue siendo válido. El debate oral estimula la memoria y en cierta forma la idea vuelve a asomar en la cultura, no necesariamente en las esferas más selectas del banquete socrático. La oralidad, como ejercicio creativo y mnemónico, como ejercicio del pensamiento puro y desnudo, aparece en los barrios, en formas de rap, trap, repentismo, o tantas otras riñas de gallos que pueblan los barrios y entrenan adolescentes en el ejercicio de las ideas. Casi con certeza pasará lo mismo con el resto de las tecnologías. Veremos una coexistencia de perezosos sedentarios con creativos que la usarán para llegar a lugares nuevos.

Veremos aquí algunas ideas de cómo empezar a explorar esta sinergia en los primerísimos días de esta nueva tecnología. Un primer camino es aprovechar la gran capacidad que tienen las IA de producir material desde la perspectiva de alguien en particular. Podemos así «chatear» con personajes históricos, que el propio Einstein dé una clase para niños de diez años sobre la teoría de la relatividad. Herramientas de este estilo, nutriéndose de toda la información disponible sobre un personaje y su época, permiten que nos vinculemos con su historia de una forma mucho más rica y cercana. ¿Cuánto aprenderíamos sobre la Revolución francesa si pudiéramos hablar con Robespierre?

Un segundo camino es aprovechar la IA para conectar la información importante con nuestros intereses de maneras creativas y novedosas. Un adolescente muy interesado, por ejemplo, en los coches, podría pedirle a ChatGPT que le explicara el proceso histórico de la Segunda Guerra Mundial utilizando metáforas automovilísticas. Encontrar analogías para conectar esos dos mundos aparentemente alejados, que a un historiador podría llevarle semanas, puede ser resuelto por ChatGPT en unos pocos segundos. Eso le permitirá entrar al tema desde un lugar que conecta con sus intereses y sus conocimientos previos, facilitando la motivación y la memorización. Y la ciencia de la educación nos muestra que establecer este puente es uno de los pasos esenciales para adquirir un aprendizaje profundo.

Una tercera vía que se abre es recuperar el valor de las preguntas. Históricamente la educación puso el énfasis en entrenar la producción de respuestas. El rol del docente era preguntar y el del estudiante responder. El *prompt* nos permite rescatar la perspectiva socrática del valor de la interrogación y la conversación. En un examen clásico, hay que responder y justificar la respuesta, mostrar que somos capaces y explicitar el proceso de razonamiento. Pero es una manera poco efectiva de preguntarle a los niños sobre su propia metacognición. Es mucho más eficiente pedirle que se lo explique a un compañero. Hay contextos donde es más fácil expresar las ideas, y la conversación es una de ellas. Como ChatGPT es un buen conversador, una vía sería tratar de explicarle cómo resolver un problema y ubicarlo en el lugar de un compañero parecido a nosotros que está tratando de aprender.

También podemos utilizar la IA como un mecanismo de autoevaluación. En muchos casos, cuando estamos estudiando, tenemos la duda de si ya hemos estudiado suficiente. ChatGPT puede ser una gran herramienta también para que cada chico genere pequeños test para evaluar el estado de su propio conocimiento. Eso nos permite saber si sabemos, entender si entendimos. Podemos así ordenar nuestro escritorio mental, realizar una suerte de inventario del estado de nuestra memoria y nuestras herramientas conceptuales.

Cada una de las ideas que hemos presentado está inspirada en principios cognitivos que son clave para promover el aprendizaje. Usarlas para calibrar nuestro conocimiento es una forma de entrenar la metacognición. Percibir la historia desde la perspectiva de los protagonistas o vincularla con los temas de interés de un alumno son formas de promover un conocimiento profundo y no inerte. Conversar con el chat como si fuese un compañero es una forma de expresar nuestras ideas en una conversación donde es más simple poder revisarlas y ordenarlas.

La zona de desarrollo próximo

Las IA conversacionales también pueden ser una solución para un problema distinto, que no tiene que ver con la psicología del aprendizaje, sino con la puesta en práctica de la educación. Una de las limitaciones más importantes del sistema educativo actual es su imposibilidad material de ofrecer un proceso de aprendizaje individualizado. En cada clase conviven algunos estudiantes que siguen el ritmo de enseñanza con otros que están perdidos porque no han entendido el tema, y otros que se aburren porque ya sabían lo que se está explicando. La limitación más evidente es que hay muchos estudiantes por cada docente, y eso hace muy difícil detectar y acompañar las dificultades y avances de cada alumno. Usar a la IA como un tutor puede indicar al profesor en tiempo real qué está comprendiendo cada estudiante y en qué aspecto particular de cada tema está trabado. Puede definir una frontera precisa entre sus habilidades y sus dificultades, e identificar contenidos y ejercicios diferenciados elaborados a la medida de cada alumno. Y también contar con un «profesor particular» que conoce en profundidad su grado de avance, las fortalezas y debilidades para consultar en todo momento fuera de clase. Conviene aclarar que esta idea, posible en el futuro, hoy aún no es viable. Una de las limitaciones más destacadas de los LLM es que tienen un «contexto» (digamos que su memoria a corto plazo) muy reducido, de apenas unos miles de líneas. Es lo que hace que las interacciones no puedan ser «a largo plazo», sino dirigidas a algo concreto. Hoy no se puede esperar que ChatGTP sepa de un alumno lo que hablaron hace unas semanas.

Aquí también, esta herramienta del «futuro de la educación» ofrece soluciones que están en los cimientos de la historia de la pedagogía. El gran psicólogo ruso Lev Vygotsky introdujo hace un siglo el concepto de zona de desarrollo próximo, según el cual tiene que haber una pequeña brecha entre aquello que el alumno puede hacer por sí solo y aquello que le exige un mentor. Es decir, fijar cada meta a una distancia justa, ni muy cerca ni muy lejos. Este concepto era teórico pero no práctico en el aula, porque estar a la distancia precisa de toda una clase al mismo tiempo era imposible. Hasta hoy.

Por supuesto, estas ideas tendrán que convivir con la idiosincrasia de cada espacio educativo. La escuela, en tanto que institución, debe propiciar también que los niños aprendan a estar juntos y adquieran habilidades sociales fundamentales, como compartir, ayudar al otro o tolerar la diferencia y la frustración. Optimizar el aprendizaje no es el único rol de la escuela: las cosas que suceden en el patio durante el recreo son sin duda tan importantes como las que suceden en el interior de una clase. Aprender a convivir, a transitar los desencuentros, a desarrollar la resiliencia social, a administrar las emociones en grupo y forjar amistades, seguirán siendo aventuras eminentemente humanas.

La clave, quizá, sea en efecto el buen balance, el equilibrio virtuoso. Más aún en el contraste absurdo que parece haber entre los avances tecnológicos que presentamos y las deficiencias urbanísticas y estructurales de muchas instituciones educativas de todo el mundo. ¿Qué sentido tiene estar hablando de IA cuando en muchas escuelas falta el agua, la calefacción o se cae la mampostería de los techos? ¿Hablamos de tecnología cuando existe una tremenda desigualdad y una brecha digital enorme? Aunque parezca contraintuitivo, puede que la discusión sobre educación e inteligencia artificial sea más necesaria en aquellos lugares en los que los pilares de la educación están menos consolidados. Un terremoto hace mucho más daño en un país del Caribe que en Japón. Por un lado, porque en el país del primer mundo están preparados para resistir mejor las sacudidas de esa catástrofe natural y así minimizar los daños. Por otro, porque la precariedad de muchas otras áreas, como la frágil salud pública o la endeble red de carreteras, amplifica los destrozos y dificulta la tarea de lidiar con las consecuencias posteriores. A pesar de los déficits de infraestructura y otros problemas que ya tiene hoy la educación en los países en vías de desarrollo, la IA llegará a las escuelas muy pronto. Frente a ese escenario, es fundamental que al menos el tsunami nos encuentre preparados para aprovechar sus beneficios y frenar los potenciales daños.

7

El trabajo y la deriva del sentido

¿El fin de un derecho humano?

Cuando dos personas se encuentran por primera vez e inician una conversación, suelen mencionarse cosas como «soy profesor», «soy dermatólogo», «tengo un kiosco» o «trabajo en una empresa». Casi nadie se presenta diciendo el número de horas que duerme, cómo se vincula con sus hijos o amigos, sus miedos y anhelos profundos o las conversaciones que tiene. Cuando queremos decir «quiénes somos», decimos «qué hacemos», identificamos el ser con el hacer, como si estas cosas fuesen equivalentes.

Hace varios siglos que nuestra identidad está profundamente anclada en el trabajo. Es que así como el trabajo es la vía por la cual las personas obtenemos los recursos materiales para sobrevivir y prosperar, también es un desafío que da sentido a la vida y ocupa nuestro tiempo con la sensación de estar haciendo algo productivo. Puede decirse, como sugiere el filósofo Santiago Gerchunoff, que toda la ética de la sociedad moderna está basada en el trabajo. Una madre manda a estudiar a su hijo para que tenga un buen trabajo, y tiene que hacerlo porque ella es quien trabaja para que eso sea posible. El trabajo es tan vital en nuestra sociedad que está garantizado explícitamente en la Declaración Universal de Derechos Humanos. ¿Podría un derecho humano universal tener que ser dado de baja?

El trabajo también es el engranaje esencial para mantener en marcha la sociedad capitalista, impulsada por el consumo y la ilusión del crecimiento sin límite. Existe una célebre historia, posiblemente apócrifa, que narra un intercambio entre Henry Ford II, dueño de la empresa automotriz Ford, y Walter Reuther, líder sindical, en los albores de la industria en los Estados Unidos. Más allá de que haya ocurrido tal como se cuenta, se utiliza a menudo como una forma de explicar la relación entre la automatización, el empleo y el consumo en el contexto del sistema capitalista. Mostrando con orgullo sus máquinas, Ford le preguntó al representante sindical: «Walter, ¿cómo harás para que estos robots paguen las cuotas al sindicato?», a lo que Reuther le contestó con sarcasmo: «John, ¿cómo harás para que los robots compren tus coches?». Aquella charla encapsula una cuestión de fondo que llega hasta nuestros días: la automatización puede aumentar la eficiencia y la productividad, pero también amenaza las bases mismas del sistema, que depende de la capacidad de consumo de las masas.

Son muchas las preguntas prácticas y éticas que se abren al pensar en el impacto de la IA en el mundo del trabajo. ¿Qué actividades actuales dejarán de estar en manos de seres humanos? ¿Qué nuevos empleos sustituirán las actividades que ya no se realicen? ¿Quién puede asegurar que la cantidad de puestos que se creen sean suficientes para compensar los que se destruyan? ¿Cómo afectará este proceso a los salarios? ¿Vamos hacia la utopía tan anhelada de los antiguos griegos de liberarnos finalmente de todos los menesteres elementales de la vida para dedicarnos plenamente al ejercicio de la virtud? ¿O, por el contrario, nos dirigimos irremediablemente hacia una distopía poscapitalista con desempleo estructural masivo e incremento de los niveles de pobreza y desigualdad?

Antes de explorar los escenarios futuros posibles, conviene recordar que la sustitución de trabajo humano por maquinaria no es algo nuevo. En el siglo XIX, el 80 por ciento de las personas trabajaba en la producción de alimentos. No es que todos prefirieran ese tipo de empleo. Es que la productividad era tan baja que, si no se asignaban casi todos los recursos a esta tarea, no alcanzaba la comida. Gracias al avance tecnológico del siglo XX, la agricultura experimentó cambios enormes: se llenó de máquinas sembradoras y cosechadoras, se multiplicó el uso de fertilizantes y herbicidas, y se modificaron características de las semillas para aumentar el rendimiento económico de las plantas. El resultado a nivel empleo fue demoledor: en la actualidad, solo el 1 por ciento de la humanidad trabaja en la producción de alimentos. El fenómeno se repitió en muchas áreas. Y cada vez que la automatización hizo prescindibles a las personas en ciertos ámbitos, surgieron actividades nuevas, muchas veces con condiciones laborales mejores que las anteriores. Esto no significa que tenga que repetirse el mismo ciclo, como sugieren algunos optimistas sobre la premisa de que, una vez más, el sistema reencontrará naturalmente su equilibrio.

Tampoco ese avance social colectivo sucede sin sufrimiento individual de muchísima gente que ve cómo su oficio (en buena medida, su identidad) pierde su razón de ser y queda temporal o definitivamente sin empleo. Hasta ahora el avance tecnológico ha establecido una dirección bastante clara en la automatización del trabajo: utilizar menos la fuerza y más la capacidad intelectual, hacer tareas menos repetitivas y más creativas. Ya sea en atención al público en un local, realizando un proyecto decorativo al gusto de un cliente o recomendando la asignación de una cartera de inversiones, la mayoría de las personas hemos hecho de las habilidades cognitivas nuestro mayor diferencial frente a las máquinas. Y creímos que allí estaríamos seguros. Ese espacio era propiedad exclusiva del ser humano, con entrada vedada para la tecnología. Pero ya no.

En 2013, los investigadores de la Universidad de Oxford Carl Frey y Michael Osborne publicaron un estudio alarmante: de acuerdo con su análisis, la mitad de los empleos de ese momento estaban en riesgo de perderse en los siguientes veinte años. Pero dentro de esa nube de pesimismo había al menos un nicho de esperanza ya que, según su estudio, las actividades que estaban en mayor peligro de reemplazo eran las rutinarias y repetitivas. Seguiría habiendo, en lo creativo, un nicho seguro para el trabajo humano.

Ahora vemos cuánto se han equivocado. Acertaron en que gran parte de los empleos actuales posiblemente vayan a desaparecer, pero el monstruo que esperaban por la puerta al final se coló por la ventana. Las máquinas están irrumpiendo en el lugar menos esperado: los oficios creativos o analíticos, que requieren de ingenio e inventiva. Hasta hace muy poco tiempo, la recomendación más habitual para alguien que quisiera elegir una profesión con futuro era estudiar programación. Repentinamente, con la llegada de las IA generativas, uno de los trabajos más prometedores pasa a ser uno de los más amenazados. El brillante informático científico Stephen Wolfram lo resume así: hace sesenta años este oficio no existía. Luego se volvió el más demandado y el que evidentemente tenía más futuro. Y tuvo tanto éxito que decretó incluso su propia sentencia de muerte: ¡los programadores serán reemplazados por los programas que ellos mismos crearon!

Vemos en este ejemplo que este nuevo cambio puede ser sustancialmente distinto de los anteriores. Los programas podrán pronto escribir novelas, redactar leyes, diseñar empresas, concebir viajes y probablemente sean buenos terapeutas. Si los ordenadores nos superan en nuestros aspectos «más humanos», ¿qué espacio laboral queda entonces para nosotros en el futuro?

Desde los griegos hasta el presente, buscamos tecnologías que resuelvan las tareas cotidianas para poder dedicarnos a la virtud: el cuidado de nuestra familia, la música, el deporte o el cultivo de la amistad. Aristóteles ya reflexionaba sobre esto en *Política*, el libro que reúne los escritos en los que aborda lo complejo de administrar la *polis* del siglo IV a. C.: «Si cada instrumento pudiese, en virtud de una orden recibida o, si se quiere, adivinada, trabajar por sí mismo, como las estatuas de Dédalo o los trípodes de Vulcano, que se iban solos a las reuniones de los dioses; si las lanzaderas tejiesen por sí mismas; si el arco tocase solo la cítara, los empresarios prescindirían de los operarios y los señores de los esclavos».

Desde siempre fantaseamos con vivir sin trabajar, pero ahora que esa posibilidad parece próxima a materializarse, el escenario nos perturba tanto o más de lo que nos entusiasma. Descubrimos que el trabajo ha resuelto hasta el momento el problema de la «página en blanco» de la humanidad, dándole un propósito estable a la existencia. Ese sentido existencial amenaza ahora con pasar a ser, de golpe, un enorme vacío. Por lo tanto, el impacto de la IA en el mundo del trabajo no solo se dará en términos de equilibrio económico, sino que pegará en lo más hondo de la humanidad, en un sentido ontológico. La tecnología nos espabila y hace que nos formulemos las preguntas más profundamente humanas: ¿para qué estamos aquí y qué venimos a hacer? ¿Qué presente queremos vivir? ¿Qué futuro estamos construyendo?

El sentido del trabajo

Dan Ariely, profesor de la Universidad de Duke, en una serie de experimentos ingeniosos y entretenidos, mostró que en el trabajo muchas veces importa más el desafío que el resultado final, que valoramos el camino recorrido por encima del punto de llegada y, sobre todo, que sentimos que trabajar tiene un significado y nos proporciona un sentido.

En uno de sus experimentos le pidió a un grupo de personas que construyeran kits sencillos de Lego. Les ofreció una compensación económica (que hace de sueldo en el experimento) por la primera construcción y cantidades cada vez menores por las siguientes. Los participantes del experimento se dividían, al azar, en dos grupos. Las producciones del primer grupo se colocaban en un estante y se informaba a los participantes que sus kits serían luego desmontados para futuros experimentos. En cambio, a los del segundo grupo les desmontaban las creaciones frente a sus ojos, en cuanto las entregaban. Aquellos que presenciaban el desmontaje de sus obras, desmotivados, abandonaban el experimento mucho antes. Aunque les pagaran lo mismo, no compensaba la desazón de ver que el producto de su trabajo era deshecho ante sus ojos.

En otro estudio de la misma serie, Ariely pidió a los participantes que buscaran repeticiones en una sopa de letras. Les pagaba cincuenta y cinco centavos cuando entregaban la primera hoja, y se les iba restando cinco centavos en las sucesivas. En un primer grupo, los participantes escribían su nombre en el papel y, al entregarlo, el corrector lo revisaba con aprobación, les daba las gracias y lo colocaba en una pila. En el segundo grupo, las hojas entregadas se apilaban sin nombre junto con el resto, sin recibir atención alguna. En el tercer grupo, las hojas eran destruidas de inmediato, sin revisar, en una trituradora. Como con los legos. El objetivo del experimento era encontrar el equilibrio entre la motivación y el esfuerzo. Cada vez la gente estaba más cansada y además le pagaban menos. ¿En qué momento pararían? La respuesta de Ariely es que ese punto cambiaba muy sustancialmente según el sentido del trabajo, que era la variable que se manipulaba implícitamente en los tres grupos. Los del último grupo, cuyo trabajo literalmente era destruido en su cara, paraban enseguida. Pero lo más sorprendente es lo que sucedió con el segundo grupo: el efecto de no poner el nombre y el hecho de que nadie revisara el trabajo tuvo el mismo efecto que la destrucción física de las hojas. El solo hecho de que alguien observe lo que hemos hecho y se tome un momento para apreciarlo es suficiente para incrementar radicalmente la motivación en la tarea. Eliminar el entusiasmo y el significado que le damos al trabajo resulta sorprendentemente fácil. Y este principio general sugiere una pregunta que es particularmente relevante para nosotros. Cuando una IA hace un trabajo, ¿quién recibe el abrazo, la sensación de haber hecho algo que vale la pena y que le da sentido y significado a la vida?

Otro de los experimentos de la saga de Ariely nos acerca a esta pregunta y nos orienta sobre cómo la inteligencia artificial puede tocar fibras esenciales en la motivación humana y la psicología del trabajo. En este caso les pidió a grupos de dos personas que hicieran figuras de origami de acuerdo con las instrucciones detalladas en una hoja: una persona hacía y la otra observaba. Luego, se les ofreció comprar lo que habían creado. Aquellos que habían realizado los pliegues estaban dispuestos a pagar cinco veces más que aquellos que solo habían sido espectadores. En una segunda versión del experimento, se eliminaron algunas instrucciones en la hoja, lo que hizo que la tarea fuera más difícil. Objetivamente, la calidad de los origamis disminuyó y por lo tanto los observadores, que eran jueces objetivos, les asignaron un valor menor. Sin embargo, y aquí lo sorprendente, los constructores estaban dispuestos a pagar aún más que antes. Cuanto más esfuerzo dedicamos y mayor participación tenemos en una tarea, más valoramos el resultado, aunque objetivamente la calidad sea peor. Ariely llama a esta situación el «efecto IKEA», en un guiño al concepto que guía a la compañía sueca de muebles: el proceso de montaje requiere esfuerzo, pero deja a las personas con la sensación de que han participado en la historia de ese mueble. Se sienten creadores de su propia obra. La clave para la autovaloración reside en realizar tareas que nos planteen desafíos, nos exijan en áreas en las que seamos hábiles y nos permitan poner en juego nuestras fortalezas, para así sentir que producimos un impacto significativo. Nos gustan aquellas cosas que hemos hecho, nuestras propias creaciones, por el hecho de ser nuestras y de saber el esfuerzo que requirieron. Quizá en algunos años solo una pequeña minoría acceda a esos desafíos que dan sentido a la vida. De ser así, esto podría ser uno de los mayores impactos de la IA en el mundo laboral.

La comoditización de las habilidades

Dejemos ahora por un rato de lado las preocupaciones metafísicas para adoptar una perspectiva más práctica y explorar los posibles escenarios de un entorno laboral atravesado por la IA. ¿Cuáles pueden ser los impactos concretos y cómo podemos acomodarnos a las nuevas realidades? A la luz del fallido estudio de Oxford que erró completamente cuáles serían los trabajos más vulnerables, es importante entender que nos adentramos aquí en un terreno netamente especulativo. Nuestro objetivo no es hacer pronósticos precisos, sino explorar ideas provocadoras que puedan servirnos como referencia.

El primer concepto importante ya lo introdujimos en relación con la creatividad: la «comoditización». Apelamos nuevamente aquí a la noción de *commodity* en su acepción de generar exagerada abundancia de algo, suprimiendo a la vez las diferencias y matices. Pero ya no se trata solo de las creaciones artísticas sino de gran parte de las capacidades que tenemos las personas. Podemos llamar a este fenómeno la «comoditización de la habilidad».

Las personas suelen tener niveles de competencia muy variables para cualquier tarea específica. Si pudiéramos puntuar la capacidad relativa en una escala de 1 a 10 y representáramos la distribución de esta capacidad en la población, habría un pico en el medio y pocos casos en ambos extremos. Esta es la famosa distribución normal o campana de Gauss, que podemos dividir en tres categorías informales: a los que se les da muy mal, situados en el extremo izquierdo, los que destacan, en el derecho, y la gran mayoría de las personas, que quedamos ubicadas en algún lugar intermedio.

La habilidad alcanzada por cada individuo combina, entre otros factores, cierta predisposición natural (que podemos llamar talento) con la motivación y el esfuerzo dedicados a cultivar ese don. En el caso del deporte, la relevancia de lo innato es más evidente. Por ejemplo, una persona alta tiene una ventaja para ser jugadora de baloncesto, y la gente con pies y manos grandes tienen allanado el camino de la natación. El esfuerzo puede llevar a que alguien más bajo juegue mejor que alguien alto, pero la cuesta será más empinada. Y la élite en ese deporte está mayoritariamente integrada por quienes fueron agraciados naturalmente y sumaron a eso un alto compromiso y motivación. Aun los que percibimos como talentos naturales, Andrés Iniesta, Serena Williams o Michael Jordan, para poner algunos ejemplos, llegaron donde llegaron porque suman, a su predisposición natural, una capacidad descomunal para hacer el máximo esfuerzo y seguir mejorando.

En la gran zona intermedia de la curva de distribución de habilidad, en la que nos encontramos la mayoría de las personas, hallamos ejemplos muy variados en cuanto a la relación entre la predisposición natural y el esfuerzo invertido. Para poner otra vez caricaturas icónicas, podemos pensar en «genios perezosos», «burros tenaces y esforzados» y un cúmulo de combinaciones intermedias de talento y laboriosidad.

Ahora pensemos qué puede suceder en este terreno de la relación entre el esfuerzo y el talento con el advenimiento de la IA. Pensemos, solo por poner un ejemplo, en la edición de imágenes. En la era predigital, hacer modificaciones a una fotografía o a un dibujo era un proceso que requería una enorme habilidad técnica y manual, así como también una cultivada educación estética. Hace ya tiempo que ese proceso se vio transformado por la adopción de softwares de edición digital. Ya no se trata de saber cómo usar un lápiz o de dominar técnicas particulares de revelado, sino de conocer a fondo las funcionalidades de estos programas y mover con precisión el ratón. Con este cambio, algunas personas habrán descubierto que aquello que las hacía especiales se volvió prescindible y, otros, por el contrario, habrán encontrado bajo las nuevas reglas la oportunidad de destacarse como nunca lo habían hecho antes. Otros talentos y esfuerzos reemplazaron a los anteriores. Las personas dentro de la curva de habilidades se redistribuyeron, pero no cambió significativamente la forma del gráfico. La cuestión ahora es que estas herramientas de edición de imágenes ya empiezan a incorporar nuevas funciones basadas en IA generativa. De repente, una labor que antes requería de pericia técnica y de una visión creativa puede llevarse a cabo con la simple redacción de un *prompt*: «hacer que el caballo sea blanco», «agregar nubes de tormenta», «cambiar la expresión de la cara por una sonrisa luminosa».

Podríamos pensar que esta nueva transición es similar a la anterior: algunas personas destacarán y otras se harán a un lado. Sin embargo, es probable que en este caso el proceso se dé de un modo muy diferente: por un lado, si bien puede haber diferencias entre unas personas y otras en cuanto a su habilidad para escribir *prompts*, la variabilidad debería ser bastante más pequeña. A fin de cuentas, conversar es algo que se nos da bastante bien a todos. Es el denominador común humano y por eso, justamente, las IA conversacionales son tan masivas y populares. Por otro lado, la enorme reducción del tiempo y del coste requeridos para probar alternativas reduce notoriamente el esfuerzo necesario para, por medio del ensayo y error, permitir a cualquiera obtener un resultado aceptable. Podemos imaginar un escenario futuro no tan lejano en el que el *prompt* ni siquiera requiera de un gran nivel de detalle y nos baste con dar la siguiente instrucción: «Hazme un diseño para la etiqueta de una marca de cerveza» y eso baste para obtener un resultado bueno. En un caso así, el esfuerzo y el talento requeridos para completar el trabajo se vuelven tan escasos que la forma de la curva, que se ha mantenido inalterada por siglos, sufriría una modificación profunda.

La comoditización de lo aceptable, lo muy bueno y lo extraordinario

Con estas primeras versiones de la IA generativa la solución que se obtiene a partir de un *prompt*, sin un gran esfuerzo ni talento, es buena pero está lejos de ser la ideal. Como resultado de este cambio, gran parte de la población que no podía alcanzar un nivel mínimo para esta tarea se encuentra de repente igualada con aquellos que tenían un nivel medio, digamos de 6 puntos. De repente, la distribución ya no tiene forma de campana. Casi todo el mundo se sitúa en el punto de lo aceptable, y quedan relativamente pocas personas que se distribuyen con un nivel por encima de la gran masa indiferenciada. Podemos llamar a esta fase inicial la «comoditización de lo aceptable».

Pero este es probablemente solo un estado transitorio, porque las capacidades de las IA mejorarán mucho más rápido que las humanas. La versión de ese mismo software uno o dos años después probablemente permita que cualquier persona produzca trabajos de mayor calidad. En ese caso, el pico del gráfico se mueve hacia la derecha, sumando a más personas al grupo indiferenciado. Estaríamos en este caso frente a la «comoditización del muy bueno». Cualquiera podría hacer ahora un gran trabajo, casi sin ningún esfuerzo ni talento. Y solo un grupo aun más pequeño de personas destacaría sobre el nuevo nivel mínimo accesible a cualquiera. En un mundo donde hacer las cosas muy bien no cuesta nada, el sentido del trabajo tiembla.

Esta no es la única consecuencia. En el trabajo se replica un fenómeno que en la psicología del aprendizaje se conoce como el «umbral OK»: el punto en el que nos estancamos todos no es el de máximo rendimiento, sino el momento en el que, para seguir mejorando, debemos invertir una carga de esfuerzo más grande que la ganancia que obtenemos. Esto aplica a todos los dominios de la vida.

Nadie, salvo algunos individuos muy singulares, como las estrellas deportivas que enumeramos antes, alcanza el punto de máxima performance en nada. Nos detenemos en el punto en el que seguir mejorando se hace más difícil, y nos produce más pereza que entusiasmo.

Pensemos ahora en un mundo en el que cualquiera, sin esfuerzo, puede hacer algo notable. ¿Qué pasa con esos pocos capaces de llegar a producciones excelentes? Lograrlo requiere de una inversión de esfuerzo considerable, de estudios y de entrenamiento sostenido. Pero ¿para qué matarse varios años haciendo una especialización o un doctorado, si la brecha que me separa de quien elige no hacerlo es casi imperceptible? Eso podría llevar a que los pocos que se destacaban se sumen al pico masificado. Y así llegaríamos a la «comoditización completa». Ya no hay una curva de distribución de habilidades, sino apenas un punto donde todos se aglutinan. Ya nada es distinguible.

¿Qué podría suceder en el mercado laboral en este escenario? Por un lado, como sucede normalmente con los *commodities*, la abundancia de oferta probablemente genere una enorme competencia y deprima el valor de mercado de los sueldos para ese trabajo. Pero eso no es todo. ¿Qué pasaría si más adelante, como ya ha ido pasando en algunos terrenos puntuales, las máquinas alcanzan habilidades sobrehumanas en esa tarea? Estaríamos frente a un último escenario que podríamos llamar, valiéndonos del oxímoron, la «comoditización de lo extraordinario».

Quizá resulte más clara la complejidad extrema de este escenario si volvemos por un momento al terreno del arte: ¿qué sucedería si las inteligencias artificiales alcanzaran algún día un nivel creativo sobrehumano? ¿Si, igual que logra TikTok con sus vídeos, supieran mejor que nadie cuál es la película que desearemos ver, la pintura que nos deslumbrará, la canción que nos conmoverá? Llevado al extremo, este proceso puede conducir a que cualquier persona pueda dar el *prompt*: «Haz la mejor película posible», y la mejor película se hará. Ese día se derrumbará el argumento de Cattelan de que el valor de la obra está en la instrucción, y deberemos reinventar nuestro lugar en el universo creativo.

Una brújula en la tormenta

Los argumentos que hemos esbozado hasta aquí deberían alertarnos. En efecto, se avecinan transformaciones que pueden trastocar elementos esenciales del trabajo. Pero, como en tantos otros dominios, se nos da bien observar impasibles la tormenta. Es parte del «sesgo optimista» que desarrollaremos en profundidad más adelante. En una encuesta realizada por Pew Research a comienzos de 2023, el 38 por ciento de la gente se mostró convencida de que el impacto de la IA en el mundo del trabajo en los siguientes años no sería grande. Para empeorar las cosas, este número subía hasta el 72 por ciento cuando la pregunta se refería a *su* propio trabajo. Increíblemente, la gran mayoría de la gente cree que este cambio no les va a afectar de manera directa.

Un trabajo normalmente involucra una combinación de diferentes capacidades. El tiempo y la velocidad en que cada una de ellas se *comoditice* seguramente sea dispar. En algunas ocurrirá rápido, en otras más tarde, en algunas quizá nunca. Entender esa dinámica nos permitirá estar atentos para detectar aquellos nichos en los que los seres humanos podamos hacer aportes valiosos en cada momento. En esto será clave ser flexibles y no aferrarse al pasado, soltar rápido las habilidades que pierdan valor y adquirir pronto las que se vuelvan más necesarias. Esto ha pasado siempre en el mundo laboral. La diferencia con respecto a esta nueva ola de cambios radica en que sucederá a una velocidad mucho más vertiginosa. Un oficio puede quedar obsoleto en pocos meses, o cambiar de manera igualmente abrupta las habilidades necesarias para hacerlo de manera destacada.

Además, si bien es muy difícil predecir qué oficios estarán en riesgo de desaparecer y cuándo (como vimos con los falibles vaticinios del estudio de Frey y Osborne), algunas ideas pueden ayudarnos a pensar cómo puede darse esta secuencia. Recordemos la paradoja de Moravec: algunas cosas que para las personas son muy sencillas resultan muy complicadas para una máquina, y viceversa. Identificar estas zonas seguras en las que el aporte de los seres humanos seguirá siendo valioso y hacer campamento base ahí parece una alternativa prometedora. La paradoja de Moravec nos recuerda que esas zonas seguras tal vez no sean la creatividad o el razonamiento, que hasta aquí reconocemos como las principales virtudes humanas.

Un área alentadora parece aquella que reúne actividades que requieran del cuerpo en movimiento. Una vez más, al revés de lo que pensábamos, quizá los fontaneros estén más seguros que los programadores. Otro espacio prometedor es el de tareas que involucren empatía y conexión con otros. Como ya nos mostró hace décadas Eliza, no es difícil para una máquina parecer empática. Pero en algunas ocasiones, como puede ser el cuidado de bebés, la atención médica, la educación y todas aquellas tareas artísticas que se basan en la conexión entre las personas, seguramente queramos que, aparte de la IA, haya un ser humano involucrado. Además, probablemente esta sea un área de resistencia: siempre quedarán quienes sigan prefiriendo sobre todas las cosas la empatía entre seres humanos.

Por otra parte, incluso si la habilidad de escribir buenos *prompts* tiene menos variabilidad que otras tareas, es muy probable que aquellos que logren hablar con las IA de manera más efectiva y obtengan por tanto lo mejor de ellas, desempeñen la mayoría de los trabajos. Para eso, parece razonable estar a la vanguardia de la exploración de las plataformas y los softwares que vayan apareciendo. Sin embargo, en un estudio sobre IA y trabajo observamos que, a seis meses de la salida de ChatGPT, solo una de cada cinco personas los ha usado con asiduidad y nueve de cada diez siente que su entorno está poco o nada preparado.

Incorporar estas herramientas con agilidad es más fácil de decir que de hacer. Lo cierto es que nos cuesta cambiar por una buena razón: durante mucho tiempo, no cambiar fue un gran valor. Además, requiere encontrar los tiempos de experimentación y aprendizaje en medio de la urgencia de la vida adulta. La resistencia al cambio de cada individuo se acentúa cuando nos agrupamos en organizaciones, empresas y otras instituciones humanas. Los ya de por sí difíciles cambios personales suelen quedar atrapados en la telaraña de la resistencia al cambio institucional. Las organizaciones se convierten fácilmente en elefantes con sobrepeso, y aunque sientan la creciente presión de un entorno cada vez más cambiante, chocan continuamente con sus propias limitaciones. La combinación de personas resistentes al cambio, reglamentos institucionales rígidos y esquemas de incentivos que premian la aversión al riesgo, genera un entramado complejo que resulta casi imposible de deshacer.

El que forme parte de una organización así y vea con frustración su falta de dinamismo hallará consuelo en el hecho de que casi todas las demás están igual. Nos pasa lo mismo que cuando circulamos por una autopista y vemos que nuestro carril siempre es el que va más lento. La razón es sencilla y tiene que ver con la atención. Al estar parados, prestamos atención al carril de al lado y vemos que circula. En cambio, cuando estamos en movimiento, tenemos que estar atentos a lo que pasa adelante y atrás más que a los lados y, por tanto, no notamos cuando el carril de al lado está parado.

La palabra precisa, la sonrisa perfecta

El trabajo se ubica fácilmente en el centro de nuestra identidad porque resuelve la necesidad de sentirnos competentes en algún ámbito. Es la *doxa*, no en su acepción tradicional de una opinión, sino en el sentido que le dio Hannah Arendt de una mirada particular sobre las cosas, una voz propia o perspectiva que nos hace únicos. Quien ha invertido muchos años en un trabajo, siente que sabe, sobre ese asunto, mucho más que el resto de la gente, y así se ha ganado un lugar particular en el mundo. Podemos pensar en un taxista orgulloso de conocer todas las calles y vericuetos de su ciudad. Ese conocimiento forma parte esencial de su vida. Y, por eso, cuando un programa como Google Maps supera ese mismo saber, se irrita y lo desprecia. Parece que la discusión es sobre rutas y caminos óptimos, pero no. Está defendiendo su razón de ser. ¿A mí va a decirme por dónde ir, que hace veinte años que conduzco por estas calles?

Aquí vemos, al unísono, la virtud y el estigma de la pericia. Un experto tiene buenos hábitos pero, cuando las reglas del juego se alteran, estas mismas costumbres que tanto le servían de pronto lo perjudican. Muchas veces, cambiar hábitos arraigados requiere que otro nos interpele y nos permita ver que la fórmula que tanto nos sirvió ya no funciona. Por eso, en instancias como el deporte, hay *coaches* o entrenadores que tienen la capacidad de señalarle a un experto aquellas cosas que no logra ver. Es una mirada más amplia y versátil. Para que el tenista Rafael Nadal pudiera perfeccionar su saque, fue necesario llamar a alguien que pudiera ver desde fuera cuáles eran los problemas. Toni Nadal, en su doble rol de tío y entrenador, recurrió en aquel momento a Óscar Borrás, un *coach* con el que trabajó durante unas semanas y que logró que el jugador le imprimiera a su servicio una velocidad y un efecto que no había logrado hasta ese momento en su carrera. Cuenta el director de orquesta Sergio Feferovich que el gran desafío es cómo liderar a un grupo de gente sabiendo menos que cada uno de su equipo en aquello que hacen. El violinista toca el violín mejor que él, el flautista toca mejor la flauta, el pianista el piano. Pero el director tiene una visión global que le permite ver cosas en cada uno de estos dominios que al experto se le escapan.

En la final del Mundial de Fútbol de 2022 que disputaron Argentina y Francia, el arquero argentino Emiliano «Dibu» Martínez, en medio de la tensión de los penales, se acercó al delantero Paulo Dybala, que estaba por ejecutar el segundo tiro de la Argentina, para darle un consejo: «Acaban de errar, el tipo no se puede quedar quieto. Mandala al medio y abajo». Dybala se ajustó a ese guión y metió el gol. Esa estrategia, antiintuitiva y arriesgada desde la perspectiva de un delantero experto, es visible para un arquero, simplemente porque conoce algo de cómo piensan sus pares en situaciones de máxima presión. Lo hace a partir de su mirada, una visión que no tiene nuestro historial de prejuicios y puede alcanzar lugares adonde nosotros no llegaríamos. No todos tenemos a mano a un Dibu que nos dé consejos, pero sí podríamos recurrir a la ayuda de una IA que nos sugiera ideas. Quizás pronto tengamos el equivalente de un Waze que no solo nos ayude a evitar embotellamientos, sino que nos marque oportunidades y problemas para poder vivir mejor. Aun cuando esa decisión no tenga la trascendencia pública de un penal en la final de un mundial, conviene recordar que, siendo permeables a recibirlos, podemos llegar a ideas fascinantes que nunca se nos hubiesen pasado por la cabeza si alguien, o algo, no nos las proponen.

¿Qué pasa cuando el experto, con la autoridad de ese conocimiento, no tiene quien pueda advertirle de sus errores? Un ejemplo viene de la industria aeronáutica. Hasta hace dos décadas, las aerolíneas brasileñas y coreanas tenían una tasa de accidentes por encima del promedio. Cuando exploraron el porqué, notaron que ambas sociedades tenían una cultura verticalista de la autoridad. El resultado era que el copiloto no se atrevía a llamar la atención del piloto cuando cometía errores. Incluso aunque esas equivocaciones pusieran en grave peligro al avión y a sus pasajeros y tripulantes.

En ocasiones hace falta que alguien advierta lo que uno, con la tozudez que a veces acompaña a la pericia, deja de ver. En los últimos años, el uso abusivo que hacemos las personas de los dispositivos electrónicos ha aumentado aún más nuestro nivel de sedentarismo. Como mencionamos antes, esa adicción es impulsada por algoritmos de IA, que nos manipulan y nos dejan sin una noción clara de qué hacemos y por qué lo hacemos. Como es muy difícil ver estas cosas desde nuestra propia perspectiva, solemos necesitar a alguien que nos indique que no caminamos lo suficiente, o que usamos el móvil más de lo que deberíamos. Y es que si hay algo en lo que todos nos sentimos expertos, erróneamente, es en cómo nos relacionamos con nosotros mismos. Aquí la IA puede venir también a rescatarnos. Una IA podrá quizá advertirnos de cuáles de nuestros hábitos, evidentes o sutiles, son nocivos para nuestra salud. En un primer momento, nos ofenderemos, como el taxista con Google Maps. Pero, ya sabemos, quizá convenga desconfiar de este instinto.

De la misma manera, la IA aplicada a la empresa tiene la capacidad de advertir fallos aun en las zonas donde cada uno cree ser experto. Detectar, por ejemplo, que hace seis meses que no se desarrolla un producto nuevo, que el número de empleadas mujeres disminuyó en el último trimestre o que hace cuatro meses que un

CEO no habla con expertos que piensan diferente para discutir el estado del sector. De pronto, un sistema inteligente podrá revisar los lugares de estancamiento de la estrategia, la acción comercial o la conexión entre empleados, para así recordarnos cuáles son los puntos débiles a los que prestar atención. Para concretar eso, será necesario que depongamos ese gesto tan humano que nos lleva a reaccionar a la defensiva y que usemos la IA como una verdadera herramienta y un lujo que nos permite evaluar una gama muy amplia de datos, algo fuera de nuestro alcance hasta hoy. Esto puede ser más fácil de lo que pensamos: ya vimos que, irónicamente, solemos ser más receptivos, curiosos y dispuestos a repensar nuestras ideas en una conversación con una máquina que con otra persona.

Máquinas impredecibles

Vimos en la primera parte de este capítulo que el trabajo juega un rol fundamental en la construcción de la identidad, y también en la cohesión de nuestra sociedad: da oportunidad a la persona que lo ejerce, pero también lo vuelve consumidor de aquello que ella misma u otras producen, y da sentido y fundamento ético a nuestros días. Hemos revisado el peligro de que desaparezcan oficios y profesiones. Esa posibilidad no solo afecta al trabajador, sino a todo el sistema. La anécdota de Ford lo expone con claridad: en un mundo en el que el trabajo sea hecho por IA, ¿quiénes serán los consumidores? En un mundo en el que es posible que se requiera de un porcentaje pequeño de la fuerza laboral, ¿cómo se distribuye esa fuerza? Cada una de estas preguntas tiene un gran cúmulo de aristas y complejidades que lindan con la política, la filosofía y la economía, y podría ser materia de un libro entero. A sabiendas de esto, aquí apenas esbozamos algunas ideas sobre los desafíos sociales que se avecinan.

Un primer problema evidente es cómo mantener el acceso al consumo si una amplia franja de la población queda estructuralmente desempleada, lo que Yuval Noah Harari llama «la clase innecesaria». Hace ya muchos años, impulsado por economistas, ONG, líderes políticos o gobiernos, en casi todos los rincones del mundo se está discutiendo la idea de crear un ingreso básico universal. Esto es, entregar a cada persona cada mes una suma de dinero que cubra como mínimo las necesidades fundamentales para vivir. Desde la perspectiva actual, en la que vemos el ingreso como una contrapartida biunívoca del trabajo, esto puede parecerle absurdo a muchos. Pero es bien posible que en un futuro con una parte sustancial del trabajo delegado a una IA, esta forma de distribución resulte vital para la supervivencia del sistema. Quizá ya no se pueda garantizar el trabajo como un derecho humano, pero sí el acceso a los bienes mínimos para una vida digna.

Esta idea parece nueva, pero no lo es. Por el contrario, ha sido revisitada muchas veces en la historia, a veces como un ideal y otras en la concepción de derechos y obligaciones del pacto social. Cuenta el filósofo Michael Sandel que, en el siglo XIX, en la fundación del capitalismo moderno, una de las discusiones más intensas era sobre la naturaleza misma del trabajo y la libertad. Más precisamente la discusión era si una persona que trabaja a cambio de un salario es o no verdaderamente libre. La conversación estaba asociada a la de la esclavitud y se basaba en la necesidad de emanciparse de las obligaciones laborales y de los menesteres básicos para atender el verdadero ejercicio de pensamiento que requería la ciudadanía. Esta discusión la defendía tanto la izquierda como la derecha. Los unos bregando por un sistema que hoy veríamos cercano al de una asignación universal, los otros, por el contrario, para insistir en que los asalariados no tenían muchos más derechos como ciudadanos que los esclavos.

Y esta conversación, a su vez, es heredera de otra que sucedía hace dos mil quinientos años, en la plaza pública de Atenas. La vida en la democracia de Pericles estaba dividida en dos espacios. Uno era el *oikos*: el doméstico, el de la casa, el lugar donde ocurren los asuntos privados, de los menesteres básicos de la vida. Ahí rige lo jerárquico, padre e hijo, u hombres y esclavos (por supuesto también en aquel entonces hombres o mujeres). Los menesteres del *oikos*, como la limpieza o la alimentación, son circulares e infinitos. Cada día se limpia lo que vuelve a ensuciarse, se construye lo que se destruye, se alimenta lo que ha perdido la energía. Vemos hoy que el *oikos* está ligado, además de a lo doméstico, al trabajo.

El polo opuesto del *oikos* era la *polis* y su plaza pública, el ágora. Este era el espacio donde se conversa de igual a igual sobre lo humano y sobre la sociedad, en búsqueda de la virtud. Solo en este espacio podían responderse las preguntas esenciales, como «¿quién soy?». Esta es la clave: la libertad se da solo una vez emancipados de los menesteres básicos del *oikos*, y se da entre iguales, los verdaderos ciudadanos. Al ágora no entraban ni menores, ni mujeres, ni esclavos ni extranjeros. Esta idea tan constitutiva de la democracia griega, se replica, como cuenta Sandel, en los cimientos de la sociedad estadounidense.

Esta separación tan tajante entre los asuntos del trabajo, en el *oikos*, y los de lo humano, en la *polis*, es por supuesto una exageración, desarrollada en torno a mitos alimentados por historiadores del siglo XIX. En la misma antigua Grecia, estos asuntos estaban ya bastante mezclados, y hoy en día, en la mayoría de los países desarrollados son muy difíciles de distinguir. En un teléfono, suceden el *oikos* y la *polis*. Lo más privado, lo más rutinario, lo más jerárquico, y a la vez lo público y la conversación de ideas. Internet es por antonomasia el sitio donde se mezclan lo público y lo privado.

El *oikos* y la *polis* son conceptos que nos ayudan entender cómo la tecnología puede cambiar el trabajo, y con ellos los pilares fundamentales de la arquitectura de la sociedad. La teoría política construida por Hannah Arendt a mediados del siglo XX nos ofrece un camino. La filósofa divide la esfera privada, el antiguo *oikos*, en dos categorías que suelen confundirse en la promiscuidad del lenguaje: la labor y el trabajo («labor» y «work»). Las labores son conseguir alimento, lavarse, cuidarse, son el oficio de sobrevivir y las compartimos con los animales. El trabajo es la fabricación de objetos duraderos asociados a un mundo de casas, coches y lavadoras que nos distingue de otros animales. En esa construcción empieza a asomar lo humano. Empieza, solo eso. Porque nos estanca en un estado de animales que trabajan para consumir cosas que gastan, y que vuelven a trabajar para volver a consumir, en un ciclo interminable.

Esto es lo común al *oikos*. Producción pensada en términos de medios y fines, cíclica y, sobre todo, reversible. No pasa nada si uno se equivoca fabricando una mesa. Se arregla. En cambio, la conversación pública que ocurre en la *polis* es impredecible, es irreversible, y no es cíclica. Con las palabras y las ideas no hay vuelta atrás, desatan amores y guerras.

Esta historia brevísima de la filosofía del trabajo nos permite entender por qué la IA puede desembocar en un cambio cualitativamente distinto al que ha ocurrido con el resto de las tecnologías. En primer lugar, porque es una herramienta tan versátil y polivalente que tiene el potencial de resolver íntegramente los menesteres del *oikos*. En el pensamiento de los filósofos griegos, en el de muchos de los fundadores de la democracia americana y en cierta manera en el de Arendt, aparece recurrentemente un deje aristocrático. Solo hay libertad donde hay esclavos. Existe la *polis*, porque los esclavos se ocupan del *oikos*. Hoy se hace concebible el sueño de los sofistas de liberarnos, con ayuda de la IA, de todo lo rutinario para dedicarnos a la verdadera esencia humana del ejercicio de la virtud. Es un futuro posible, pero de una enorme inestabilidad por razones que vimos y veremos.

La capacidad de copar todos los trabajos es ya en sí una diferencia sustancial pero hay una que quizá sea aún más importante. La IA no se limita a la esfera de lo cíclico y de la construcción de objetos duraderos. Es decir, que las máquinas pueden salir, por primera vez, de la esfera del *oikos* en la que habían estado confinadas. Una IA produce imágenes, palabras e ideas, muchas de ellas imprevisibles e irreversibles, y eso las lleva a un reducto que había sido pensado indefectiblemente como exclusivo de lo humano. La IA participa de la *polis* y discute de igual a igual con una persona. Construye sus propias ideas, en mutaciones imprevisibles de sus conexiones que van constituyendo una perspectiva propia, una mirada original sobre las cosas. Con eso adquieren su *doxa*, un carácter, una voz y una perspectiva con la que pueden camuflarse en la conversación pública, la materia misma de la que se constituye el pacto social.

En el camino hacia estas cuestiones tan fundamentales es muy probable que veamos un aumento progresivo de la productividad que lleve a reducir sustancialmente la carga total del trabajo humano. Si esto sucede, lo que parece bastante posible, cada sociedad tendrá que pensar y decidir cómo redistribuir el empleo. ¿Por mérito? Más allá de las discusiones filosóficas y éticas sobre el mérito, lo cierto es que desde una perspectiva práctica la comoditización de las habilidades posiblemente deje desdibujado este criterio. Entonces ¿cómo podríamos hacerlo?, ¿trabajan unos pocos y otros viven del ingreso universal? ¿Trabajamos todos pero las jornadas son más breves? ¿Reducimos la semana laboral a cuatro días o menos? ¿Adelantamos la jubilación a los treinta años? ¿O extendemos la adolescencia y la formación hasta los cuarenta?

Sea cual sea la respuesta económica y política a los desafíos que la IA presenta en el ámbito laboral, dejar de trabajar plantea desafíos individuales y sociales enormes que van más allá de la disponibilidad y el reparto de los recursos. «El trabajo resuelve tres grandes males: la necesidad, el aburrimiento y el vicio», dijo el filósofo Voltaire. Tal vez se pueda resolver la necesidad a través de políticas como el Ingreso Universal, pero ¿cómo resolveremos los otros dos grandes males: el aburrimiento y el vicio? ¿Qué haríamos de nuestros días si trabajar ya no solo no fuera necesario, sino que fuera imposible?

Ante la posibilidad concreta de que el trabajo se convierta en un bien escaso nos queda un recurso más: modificar el rol que juega hoy en nuestra vida. ¿Será que le hemos dado una importancia desmedida? Como en el caso de los origamis de Ariely, frecuentemente sobrevaloramos la importancia de nuestras acciones y sufrimos el peso de la autoexigencia. Esto sucede, por ejemplo, cuando un contratista considera que es una catástrofe perder una licitación, y también en el arte, la ciencia y el deporte, terrenos en los que la vanidad está en juego por encima de todo. Es en este punto en el que la ilusión que magnifica el valor de lo que hacemos deja de ser un estímulo saludable y se vuelve perjudicial. Las relaciones se deshacen, se descuida el cuerpo, se pierde el sentido del humor y la salud. El equilibrio es, sin duda, complejo. Esa misma ambición y convicción desatada que nos lleva a vivir cada tropiezo como un cataclismo ha sido el combustible de muchas de las hazañas humanas que son parte de nuestra cultura y que tanto ensalzamos. ¿Cómo bajar las revoluciones sin apagar el motor?

En última instancia, la clave quizá esté en el significado que le demos a la palabra «éxito». Hoy, gran parte del éxito está asociado con lograr metas profesionales: alcanzar un cierto número de ventas, obtener medallas, publicar *papers* o aumentar seguidores en Instagram. Por el contrario, para evaluar a los demás solemos aplicar una mirada más amable. Tal y como se cuenta en *El poder de las palabras*, no queremos más o menos a un amigo porque haya vendido más coches, cerrado un trato financiero más ventajoso o suturado una herida de un paciente de forma excepcional. Lo queremos porque nos divertimos a su lado, porque podemos abrazarlo, porque está presente cuando lo necesitamos y nosotros estamos allí cuando nos necesita. En estos vínculos se juega una idea totalmente distinta de lo que es el éxito.

Quizá podamos aprovechar este cambio inminente para adoptar una visión más compasiva hacia nosotros que nos permita reconocer que nuestra experiencia personal es solo una pequeña parte dentro de un vasto universo.

8

Al borde de la locura

Terapeutas y pacientes artificiales

La psicología es la ciencia que se ocupa de lo que pensamos, lo que sentimos y lo que hacemos. Es el pensamiento en el espejo, observándose a sí mismo. Con el devenir del tiempo, más en los países latinos que en los sajones, la psicología se confundió con la psicoterapia o el psicoanálisis, ya no como ciencia sino como intervenciones para aliviar el sufrimiento y mejorar la salud mental. Hay psicoterapias de todo tipo y formas, pero en general las condiciones más importantes para que una terapia funcione, además de la habilidad del terapeuta para guiarnos en ese ejercicio introspectivo, son la intimidad, la confianza y la empatía necesarias para que podamos abrirnos y apoyarnos en otra persona. Es decir que la psicología, ya sea en su carácter de ciencia o de terapia, está en la esencia misma de lo humano.

Por eso fue tan imprevisto y sorprendente que las IA conversacionales generaran un clima propicio en este terreno. Ya lo mostró Eliza, aquella pionera de la IA que emulaba una terapia basada en una regla muy simple: dejaba que el paciente llevara las riendas de la conversación y repetía sus expresiones para generar un espejo empático e invitar a ahondar en cada intervención. Cuando Joseph Weizenbaum ideó el programa ni se le ocurrió pensar que Eliza, o cualquier otro programa informático, pudiera simular una interacción humana de carácter significativo. Por eso se sorprendió tanto como el resto cuando pusieron en marcha a Eliza y descubrieron que la gente lo encontraba útil y cautivador, y querían pasar tiempo a solas para conversar en privado.

Colby, Watt y Gilbert, tres psiquiatras atentos a este fenómeno, traspasaron esa fascinación escénica y vieron más allá. Entendieron que en esa semilla podía estar el futuro de la salud mental. «Un sistema informático diseñado con este propósito podría manejar a varios cientos de pacientes por hora. El terapeuta humano involucrado en el diseño y funcionamiento de este sistema no sería reemplazado, sino que se volvería mucho más eficiente, ya que sus esfuerzos no se limitarían a la relación uno a uno entre paciente y terapeuta como ocurre actualmente». Esta afirmación, que parece una reflexión contemporánea sobre la posibilidad de la IA de automatizar los trabajos y cómo podemos cooperar sinérgicamente con ella, es de 1966. Hace más de cincuenta años.

Eliza nos ayudó a comprender que cuestiones que parecen muy complejas, como la empatía, son en realidad fáciles de imitar de forma convincente. Las personas se conectan con el programa porque la estrategia de repetir expresiones con leves modificaciones y ahondar en los temas propuestos por el paciente generan una sensación de conexión comunicativa. Dos décadas después, Andrew Meltzoff demostraba en un célebre experimento que los bebés siguen un principio parecido. Desde el primer día de vida, tienen una predisposición a imitar: se ríen frente a una risa o bostezan frente a un bostezo, y este principio sigue guiando el desarrollo de la empatía. A su vez, este sistema sirve como andamiaje para la teoría de la mente, otra construcción psicológica más sofisticada que se desarrolla durante los primeros años de vida. Se trata de entender que las otras personas tienen una mente similar a la nuestra, pero que no es idéntica y que además funciona desde otra perspectiva. A la inteligencia artificial le llevó, desde Eliza, otros cincuenta años desarrollar esta facultad. Pero aquí está: hoy, las nuevas versiones de estos programas no solo son empáticas y pueden seguir temas de conversación, sino que son particularmente eficientes para inferir cómo se ven y se sienten las cosas desde la perspectiva del que está hablando.

Así como Eliza fue la primera imitación de un terapeuta, Parry, unos años después, fue el primer paciente artificial. El programa fue escrito por Kenneth Colby, uno de los psiquiatras que vio en Eliza una oportunidad para cambiar el foco en salud mental. Su objetivo: simular una mente paranoica. El programa Parry conversaba con un psiquiatra emulando los rasgos idiosincráticos de una mente paranoica. Luego, otro grupo de psiquiatras leía las conversaciones, algunas de las cuales eran con paranoicos reales y otras con el software. Su objetivo era ver si podían descubrir cuál de ellas era el programa. Y resulta que Parry logró pasar este particular test de Turing y emular tan bien a un paranoico que se hacía casi indistinguible de un paciente de carne y hueso, aun para los más expertos en la materia. No se trataba de un mero ejercicio de estilo. Moviendo ligeramente los parámetros del modelo, se producían agentes que variaban en su expresión conceptual y emocional. Daba la posibilidad de «esculpir» una personalidad. Así, este programa servía para simular pacientes y ensayar la psiquiatría en un terreno inocuo, como el cirujano que prueba una técnica quirúrgica en un maniquí. Ya en ese entonces se habían esbozado programas que podían hablar con alguien que lo necesitaba o emular a alguien que estaba mal para que un terapeuta pudiera ejercitarse. Y faltaban todavía cincuenta años para la explosión actual.

Pese a este debut auspicioso, hoy siguen flotando en el aire muchas de las preguntas que se formularon entonces. ¿Hasta qué punto una simulación hecha por una IA puede ser un buen modelo de una enfermedad mental? ¿Cuáles serán los usos concretos de los algoritmos en el campo de la salud? En los últimos cincuenta años, la metodología diagnóstica ha cambiado casi por completo en todas las áreas de la medicina, mientras que en la psiquiatría y la salud mental sigue siendo bastante parecida. Parte de la razón es que, así como en oncología o traumatología el diagnóstico se basa en pruebas moleculares o técnicas de imágenes, terrenos en los que la transformación tecnológica ha sido abrumadora, en psiquiatría se basa en una conversación. Y en esta materia tan esencialmente humana, la contribución tecnológica ha sido muy modesta. Hasta la llegada de los transformers.

Un estudio reciente publicado en la revista *Jama Internal Medicine* comparó las respuestas proporcionadas por médicos reales y por ChatGPT en un foro de salud. Los jueces eran profesionales de la sanidad que desconocían si las respuestas provenían de una IA o de un médico. Y resultó que estos «árbitros» consideraron que la IA daba respuestas más empáticas y de mayor calidad en el 79 por ciento de los casos. Como iremos viendo, nadie supone que de este resultado pueda concluirse que podemos delegar la atención de un paciente en una IA. Como sucedió durante tantos años en el ajedrez y en el resto de las disciplinas, esta herramienta requiere, como mínimo, la revisión final de un profesional de la salud. Pero, así como durante mucho tiempo nadie se subía a un ascensor si no había un ascensorista que lo condujera y hoy ya nadie lo espera, todo hace suponer que algún día estos programas podrán ser completamente autónomos en el diagnóstico e incluso tratamiento de un paciente. Desde Eliza hasta estas versiones, ya mucho más efectivas y casi listas para ser aplicadas, queda claro que el presunto problema de la empatía no será el principal escollo.

Lupas diagnósticas

Quizá el lugar más natural para la IA en la salud mental es el diagnóstico precoz. Así como ahora abundan los sensores que detectan nuestro ritmo cardíaco y nuestra respiración con la esperanza de que esto nos ayude a prevenir enfermedades, podemos preguntarnos si monitorear y analizar las palabras que decimos, o las que escribimos, puede ayudar a identificar precozmente algún problema en nuestra salud mental. Y, en efecto, hay evidencias significativas de que esto es posible.

Lo demuestra, entre otros, un estudio realizado a treinta y cuatro jóvenes con alto riesgo de desarrollar esquizofrenia. Dentro de este grupo, era casi imposible anticipar quiénes iban a desarrollar psicosis con las herramientas tradicionales de diagnóstico clínico psiquiátrico. ¿Podrá hacerlo una IA, con su capacidad de identificar atributos que a veces son indetectables para el ojo o el oído humanos? Con este objetivo, se entrevistó a cada uno de estos pacientes y luego una IA analizó la transcripción de cada entrevista e identificó en ella un cúmulo de atributos. La cantidad de palabras, las repeticiones, los temas a los que aludían esas palabras, etc. ¿Sería alguno de estos atributos, o alguna combinación de ellos, capaz de predecir si una persona desarrollaría psicosis en el futuro?

Resultó que la clave no estaba en lo que decían estas personas, sino en cómo lo estaban diciendo. Más específicamente, no eran los campos semánticos de las frases, sino cuán rápido saltaban de un campo semántico al otro y cuán alejados estaban esos campos. Esta «coherencia semántica» mide si un discurso está o no organizado, algo que forma parte del corazón del diagnóstico de esquizofrenia. Pero nadie tuvo que enseñarle esto al programa. Lo descubrió solo. Y, además, pudo llegar a un resultado mucho más preciso, que le permitió identificar rasgos de psicosis mucho antes de que se expresaran. El experimento funcionó. La herramienta mejoró sustancialmente la capacidad de diagnóstico. Los grandes modelos de lenguaje nos permiten establecer un sistema de medición para algo que antes no era cuantificable y que dependía de una evaluación puramente subjetiva. Entre estas dos instancias existe la misma brecha que entre tomarle la temperatura a un niño con la mano y advertir que está caliente, o usar un termómetro y saber que tiene 39,2 °C. La llegada de estos algoritmos puede hacer que la salud mental deje de ser aproximada y subjetiva, y que estas mediciones precisas en el dominio de la palabra conduzcan, como ha sucedido en otras áreas de la medicina, a mejores decisiones por parte del psiquiatra.

Todos alguna vez hemos hablado con una persona querida y, sin saber explicar exactamente por qué, hemos sentido que esa persona no está bien. Esa alarma la dispara nuestro cerebro, que detecta de manera intuitiva atributos que nos permiten deducir qué puede estar sintiendo otra persona. La IA nos ayuda a convertir esa intuición que todos tenemos en un método mucho más efectivo. Y, al hacerlo, podríamos ver en un futuro una forma muy diferente de diagnóstico de salud mental, basada en un análisis automatizado, cuantitativo y objetivo de las palabras que escribimos y que decimos. Tal y como vislumbraron Colby, Watt y Gilbert en cuanto vieron a Eliza.

Este esfuerzo vale la pena porque acertar en el diagnóstico puede mejorar sustancialmente la calidad de vida de la gente. Un ejemplo elocuente de esto sería el diagnóstico de sordera. Durante muchos años, las sorderas congénitas se detectaban muy tarde, ya que cuando se le habla a un bebé de pocos meses no se espera que responda. Como consecuencia, se demoraba el diagnóstico que incluso en muchas ocasiones no llegaba hasta que la advertían los maestros en el marco de la escolarización. Ahora, cuando nace un niño, se realizan pruebas que pueden predecir con un alto grado de precisión si existe sordera congénita. Saber esto permite comunicarse con el bebé durante el desarrollo utilizando el lenguaje de señas. La relevancia de esto es evidente porque lo que está en juego es, ni más ni menos, si los primeros años de vida transcurren con o sin lenguaje. Si los niños sordos, por no ser diagnosticados, no pueden comunicar sus necesidades, pensamientos y experiencias, son más propensos a experimentar aislamiento social, depresión y baja autoestima. De la misma manera, la falta de estímulo verbal y de exposición a un sistema de lenguaje formal también resulta en déficits de comunicación y adquisición del lenguaje. A veces, solo a veces, las cosas son así de simples de resolver. Se puede, gracias a este diagnóstico, encontrar una forma temprana y alternativa para que un niño se comunique desde los primeros meses de vida. La tecnología abre la posibilidad de encuentro entre personas en una de las experiencias más entrañablemente humanas, el anhelo de comunicarnos con nuestros hijos recién nacidos.

Cartografía de la salud mental

El *Manual diagnóstico y estadístico de los trastornos mentales*, conocido como DSM por su sigla en inglés y publicado por primera vez en 1952, pocos años después de la Segunda Guerra Mundial, es un intento de establecer un mapa de la salud mental, de sus clasificaciones y sus delimitaciones, tanto en lo que separa la «enfermedad» de la «normalidad» como en la definición de los distintos trastornos. Hace décadas que la comunidad de psiquiatras se ha propuesto, con un gran esfuerzo, llegar a un consenso sobre una taxonomía de los trastornos mentales. Los beneficios son evidentes: permite establecer criterios objetivos de tratamiento, comparar y acumular la información de los casos en distintos tiempos y lugares del mundo, y determinar de manera precisa la eficacia de los distintos tratamientos. Las dificultades también son evidentes. La observación de la mente, en la salud y en la enfermedad, está llena de prejuicios culturales, de ideas preconcebidas y de una inhabilidad intrínseca para poder separar la paja del trigo.

Hemos visto distintos ejemplos del problema de reconocimiento de categorías, como poder identificar si una imagen contiene o no un gato. Aquí nos encontramos con el mismo desafío algorítmico, con una dificultad añadida. No sabemos cuáles son las categorías que tenemos que identificar. Así, en la historia del diagnóstico se han omitido algunas, como el estrés, o los trastornos de lectura o de cálculo, y han abundado diagnósticos errados, como la homosexualidad que condenó a Turing, en una visión homófoba, prejuiciosa y sesgada de lo que es la salud mental. Establecer la cartografía de los trastornos ha sido de hecho uno de los problemas más difíciles en la historia de la salud mental. Quizá ahora tengamos al fin una forma más efectiva de resolverlo. Porque a lo largo del libro hemos ido mostrando que identificar categorías a partir de datos complejos es algo que las IA hacen mucho mejor que nosotros. Y, además, si bien heredan nuestros prejuicios y sesgos, es mucho más fácil remediarlos para que lleven adelante esta tarea de la forma más objetiva posible.

Así es que, de la misma manera que la observación de una enorme cantidad de datos le permitió a una IA encontrar una jugada de go genial en la que nadie había reparado, también están bien preparadas para encontrar, en el campo de la psiquiatría, un criterio diagnóstico que sea más efectivo que el que utilizamos hasta ahora en salud mental. Sería posible, entonces, no solo diagnosticar mejor si un paciente es paranoico o no, sino también trazar mejor las líneas que indican cómo se delimitan las enfermedades mentales de forma que los tratamientos sean más eficaces para mejorar la calidad de vida de esa persona. De esta forma la IA puede ayudarnos a definir cuáles son las categorías diagnósticas, que en psiquiatría suelen ser borrosas.

Veamos un ejemplo respecto a la depresión, una de las áreas de salud mental en las que el diagnóstico pone en jaque nuestra intuición. Nadie se enfadaría con una persona coja porque no pueda caminar rápido, pero la gente a veces se indigna cuando alguien con depresión no logra salir de la cama. En el ámbito de la salud mental, mucho más que en otras áreas de la salud, confundimos lo que una persona no quiere con lo que no puede hacer. Algunas depresiones son refractarias a toda la farmacología tradicional y, en esos casos, entre las drogas que se están ensayando más recientemente, hay un compuesto que se encuentra en muchos hongos alucinógenos: la psilocibina. Los estudios clínicos muestran que en algunos casos este tratamiento es muy efectivo. Pero aquí está la clave: a veces funciona y a veces no. ¿Por qué? Quizá porque el diagnóstico es borroso y llamamos de la misma manera a fisiopatologías muy distintas. Es lo mismo que se ha descubierto en oncología, donde el diagnóstico «cáncer de pulmón» puede corresponder en realidad a enfermedades muy diferentes, con distintos perfiles de mutación genética. Entender mejor el diagnóstico permite afinar el tratamiento. Recientemente, se demostró que es posible elaborar este diagnóstico con modelos de lenguaje de IA, que permiten predecir con mucha más precisión para quién será efectivo un tratamiento de psilocibina y para quién no, dentro de un grupo de pacientes resistentes a otras drogas. La inteligencia artificial mejora la lupa y la resolución del criterio diagnóstico.

Quizá el desafío más urgente y decisivo en salud mental es cómo detectar, de manera precisa, si una persona piensa suicidarse. El suicidio sigue siendo un tema tabú en nuestra sociedad. Según un estudio de Unicef, unos 45.000 adolescentes se suicidan cada año, lo que convierte al suicidio en una de las cinco principales causas de muerte para este grupo de edad. También, una de las más silenciadas.

Pensemos en el siguiente dilema moral: una compañía desarrolla una aplicación que tiene acceso a todas las conversaciones y textos escritos en el teléfono. Este programa puede dar una señal de alarma cuando detecta que hay riesgo de que una persona se suicide en las próximas horas o días. El programa es muy eficaz. Solo de forma muy esporádica da una falsa alarma, y es extremadamente infrecuente que haya un suicidio sin que esta inteligencia lo haya advertido y haya dado el aviso. La pregunta es ¿lo instalarías en tu teléfono? ¿Y en el de tus seres queridos?

Por supuesto, aquí, como en el resto de los dilemas, no hay una respuesta correcta. Es un asunto personal en el que se ponen en juego valores que tienen distinto nivel de importancia para cada persona. Entra en juego la clásica disyuntiva entre la privacidad, la seguridad y el libre albedrío. Cuando esta tecnología esté disponible, cada uno tendrá que decidir cuáles son los valores a los que prefiere aferrarse.

Somos todos raros

La salud física se expresa en un continuo de datos de peso, presión arterial, colesterol. Luego fijamos umbrales arbitrarios para definir dónde «empieza» la enfermedad. Pero todos entendemos que cuanto más lejos estamos de la frontera, con unos niveles adecuados, mejor. Algo parecido ocurre en el ámbito de la salud mental. Todos atravesamos, en algún momento de la vida, estados mentales que nos acercan a la depresión y a la psicosis, aun cuando todo esto se exprese en un rango funcional y no pase el umbral diagnóstico. ¿Cómo podemos ejercitar esta idea, la de transitar lo más lejos posible de la enfermedad cuando se trata de salud mental? ¿Cuáles son los parámetros? ¿Cuál sería el equivalente a tener bajo el colesterol, el peso o la presión arterial?

Hemos ya esbozado esta idea cuando introdujimos el concepto de sedentarismo intelectual. Así como existen aplicaciones que nos brindan información sobre nuestra actividad física, la IA puede proporcionarnos un resumen estadístico de nuestra actividad mental a partir de las expresiones que utilizamos. Enraizadas en el ámbito de los significados, las palabras que expresamos nos ofrecen una ventana privilegiada a través de la cual podemos observar y registrar fluctuaciones de ánimo y transformaciones en el pensamiento, ideas recurrentes y obsesivas, así como sentimientos de alegría y depresión. La prosodia, la entonación, el volumen o los temblores de voz son atributos que pueden agregarse para reconocer la ira, la duda, el miedo o la ansiedad. Porque nuestras palabras son la ventana más precisa que tenemos a nuestra vida mental.

Y así como de vez en cuando necesitamos recordatorios para salir a ejercitar nuestro cuerpo, también es necesario que nos alienten cada tanto a cambiar nuestras ideas. Es, en cierta medida, algo parecido a tener siempre cerca a ese amigo que nos conoce y nos llama la atención cuando nos excedemos en comportamientos que no nos hacen bien, y nos previene y nos invita a calmarnos. Elegir las palabras es similar a elegir qué ponernos. Así como vestirse con colores vivos o apagados cambia la forma en que nos presentamos ante los demás e influye en nuestro estado de ánimo, las palabras que utilizamos moldean y dan color a nuestro mundo y al de las personas más cercanas. Si alguien utiliza de forma permanente palabras agresivas, está alimentando su propia rabia y creando un ambiente tóxico para quienes lo rodean. Muchas veces esto sucede sin que esa persona se dé cuenta de las emociones que expresan sus palabras.

Un sistema de estas características nos permitiría ser conscientes de nuestros estados mentales y disponer de un asistente para la introspección, para conocer nuestras propias ideas y emociones. Decíamos antes, que todos creemos ser expertos en cómo nos tratamos a nosotros mismos. Pero, de hecho, somos un conglomerado de desinformaciones acerca de nuestra propia persona. Así como hoy tenemos a nuestra disposición un navegador que nos permite orientarnos por calles que afirmamos conocer en detalle, pronto tendremos un navegador que nos oriente en el mapa de nuestras ideas y estados emocionales, que nos recuerde que hemos abusado de ciertas palabras que reflejan miedo, ansiedad, enfado o falta de creatividad; que nos avise que hemos hablado mucho y escuchado poco o que hace meses que no cambiamos de idea. Cada uno de estos avisos nos interpelará. Pensaremos: «¿Quién es este para decirme a mí quién soy?».

La cara B

La inteligencia artificial puede ofrecernos información valiosa, funcionando como una suerte de aplicación de *fitness* para nuestra salud mental. Pero también tiene una cara B porque, para eso, requiere que compartamos mucha de nuestra información más sensible y privada. En un mundo cada vez más interconectado, la información generada por las aplicaciones puede llegar a ser accesible para otros, y la posibilidad de que se utilice de manera perjudicial para nosotros ya es una realidad. Muchas de las estrategias utilizadas por los algoritmos de las plataformas para captar nuestra atención son nocivas para la salud mental: la compulsión a consumir contenido trivial o tóxico, la obsesión con la apariencia física y los filtros de belleza, la carrera de popularidad explícita y cuantitativa que proponen los *likes*, y la falsa ilusión de conexión que nos deja solos aunque estemos rodeados de gente son algunas de las consecuencias de otorgarle a una IA la función de valor de entretenernos, sin preocuparnos por los efectos colaterales. Los indicios abundan: el rápido aumento de los trastornos de ansiedad, los ataques de pánico, los desórdenes alimenticios y la depresión, especialmente entre los jóvenes, nos llevan a pensar que en la interacción con la IA tenemos mucho que ganar, pero también bastante que perder.

9

El primer pulso

La ilusión del libre albedrío

Hace más de tres millones de años, los homínidos primitivos descubrieron que las piedras tenían distinta dureza y que, con el uso de sus manos, mucho más hábiles que las de otros animales, podían golpear una contra otra para darles forma. Podían usar esas piedras ya trabajadas como armas para conseguir alimento, como utensilios y como material de construcción para sus refugios. Muchos científicos sugieren que este proceso se encuentra en los cimientos de la cultura humana y del lenguaje. Podemos manipular, componer y construir jerarquías tanto de herramientas como de palabras. Ambas forman parte del bucle recursivo que hizo que explotase la capacidad humana de controlar su entorno.

Herramienta viene de «hierro»: martillos, sierras, lanzas, ruedas y espátulas se construían con ese material. Estas extensiones del cuerpo nos permitieron ampliar nuestras capacidades y las empezamos a combinar en puzles sofisticados: el fuego calentaba el agua, el agua se convertía en vapor, el vapor en movimiento, y el movimiento hacía que una locomotora avanzara, que la aguja de una máquina de coser o la plancha de una imprenta completaran su tarea. En el tramo más reciente de la historia humana, las herramientas empiezan a tener cables conductores por los que circulan haces de electrones capaces de producir también electricidad, y luego esos mismos haces circulan por circuitos ínfimos en microchips capaces de realizar operaciones lógicas. Ya el hierro de las herramientas ha quedado obsoleto. Ahora son máquinas livianas, que no solo intervienen en aquellas actividades que involucran fuerza, sino también ideas. Y luego sucede algo inusitado. Las máquinas empiezan de manera muy rudimentaria a adquirir agencia, esto es, la capacidad de actuar de manera autónoma para lograr una meta. Al lápiz nunca se le ocurrió escribir algo por sí mismo, ni a la prensa pisar con más fuerza un racimo de uvas. Pero el teléfono móvil ya no funciona de manera pasiva sino que está programado para tomar sus propias decisiones.

Utilizamos el móvil para mandar un WhatsApp y hasta ahí se parece a una herramienta, sofisticada, pero convencional. Nos permite comunicar el mensaje que queremos. Pero entonces aparecen un montón de notificaciones que nunca solicitamos y nos desvían de nuestros objetivos iniciales. El aparato empieza a adquirir agencia, no por ser inteligente (no lo es), sino porque otros lo utilizan como mecanismo de manipulación de nuestra conducta y pensamiento. El uso que le damos está influenciado por los intereses de un tercero, mediatizados a través de algoritmos. La irrupción de la IA pone sobre la mesa el problema de quién toma las decisiones. Una bomba es atroz pero la lanza una persona, no decide lanzarse sola. En cambio hoy, gracias al profundo conocimiento que tienen de nosotros, las máquinas pueden elegir de manera muy precisa qué estímulo presentarnos para que altere nuestros pensamientos y conductas: íbamos a mandar un mensaje pero acabamos dos horas mirando videos en Instagram o TikTok. ¿Quién ha tomado esa decisión?

Hace ya un tiempo que perdimos parte de nuestra autonomía, de decidir nosotros lo que queremos con libertad. Somos un poco artificiales y nos dejamos arrastrar por algoritmos que invaden lo más profundo del deseo y la motivación, y generan adicción. Si bien vamos por el mundo convencidos de que nosotros somos quienes determinamos nuestras preferencias y anhelos, en realidad muchas de las cosas que deseamos reflejan ideas que nos han implantado. «Muchas veces, la gente no sabe lo que quiere hasta que se lo enseñas», dijo una vez Steve Jobs. La industria de la publicidad y del marketing lleva décadas manipulando a las personas sin que se den cuenta: establece asociaciones entre colores y formas para generar sensaciones de frescura, salud, belleza, placer, etc. Pongamos un ejemplo simple: cuando nos ofrecen en un restaurante una larguísima carta de vinos que apenas conocemos, ¿con qué criterio elegimos? Fácil: la gran mayoría de la gente opta por el segundo vino más barato. La decisión se apoya en un mecanismo inconsciente, tan invisible como recurrente: ahorrar lo más posible sin ser un tacaño evidente. Muchos hosteleros saben esto y ponen el vino que prefieren vender, o el que menos les cuesta, como el segundo de la lista. Y así, poco a poco, vamos cayendo en la trampa de comprar lo peor por un valor mayor del que tiene.

Advertidos de esta posibilidad, hemos aprendido a desconfiar de los anuncios y otros métodos evidentes de condicionar nuestros criterios. Pero todavía no sospechamos de las herramientas porque, después de todo, siempre las hemos controlado nosotros. Tomamos un lápiz, hacemos un par de figuras, las borramos para mejorarlas, las hacemos nuevamente. El proceso sigue hasta que no tenemos más ganas de dibujar. Y entonces, simple y llanamente, nos detenemos. Dejamos el lápiz y pasamos a otra cosa. Esta es la expresión más simple de nuestro sentido de agencia. Cuando queremos dibujar, dibujamos; cuando queremos parar, paramos. En cambio, cuando queremos comer dos o tres patatas fritas y terminamos comiéndonos el paquete entero, sentimos que algo se ha descontrolado y que no hemos podido evitarlo. Lo que se perdió en el proceso es el sentido de agencia. Nuestra inteligencia es bastante versátil pero también está repleta de puntos débiles, que son muy notorios cuando entra en juego la manipulación del deseo y la voluntad.

Antes de la aparición del smartphone, la industria del entretenimiento, muy vinculada con el deseo, descubrió que todos nos reímos y lloramos más o menos por lo mismo. En Hollywood, epicentro de la industria del cine, se descubrió hace mucho una estructura narrativa que es eficaz para evocar todo un repertorio de emociones. El mero hecho de que hagan reír, o llorar, en el mismo instante a millones de personas de los más alejados rincones del mundo, muestra que aquello que consideramos más idiosincrático de nuestra condición se rige por un algoritmo común y, quizá, ni siquiera muy sofisticado. La industria de la comida, del entretenimiento, del tabaco y del juego, pero también otras (que de una manera u otra están vinculadas con los pecados capitales) aprovechan ya nuestras debilidades para *hackear* nuestra conducta y nuestras ideas. Somos más previsibles de lo que pensamos. Conviene conocer bien estos puntos más vulnerables porque, como veremos, las IA encuentran y aprovechan extraordinariamente bien nuestros flancos más débiles.

Caballos de Troya de silicio

La guerra de Troya fue un conflicto largo y muy estancado, en el que ningún bando podía vencer al otro por el uso de la fuerza. Después de diez años de combates y de sitio, la contienda encontró un desempate gracias a las debilidades de uno de los dos grupos: la curiosidad y la vanidad que despertó la ofrenda de un caballo gigante y misterioso. ¿Cuáles son hoy los caballos de Troya en la batalla por conquistar nuestro tiempo? Se repite la misma fórmula. Tenemos miedo de que los algoritmos nos conquisten por la fuerza, pero al final lo hacen por nuestros flancos más débiles, sin que siquiera nos demos cuenta de que estamos siendo víctimas de un abuso. Como enseña también la historia de Aquiles, feroz guerrero en aquel mitológico enfrentamiento, no es necesario superar al otro en su mayor fortaleza. Basta con encontrar su punto más débil. En el documental *The Social Dilemma*, el científico Tristan Harris lo dice con claridad y sostiene que, antes de que la IA supere la fuerza y la inteligencia humana, mucho antes, abusará de nuestra debilidad. En cierta medida esta circunstancia ya la había visto Oscar Wilde, cuando escribió «Resisto a todo menos a la tentación».

En estos días, de hecho, las IA llegan a conocer de manera muy precisa nuestra fibra más íntima y con ello llevan la industria de la manipulación de la voluntad y de la automatización de los humanos a un punto sin precedentes. Y son particularmente eficientes en lugares que hasta nosotros no conocemos y en los que, por lo tanto, es difícil defenderse. Pongamos un ejemplo. Los seres humanos tenemos una preferencia muy fuerte por lo incierto. Por eso tratamos de evitar los *spoilers*, las revelaciones acerca del argumento de una historia que causan un efecto frustrante ya que con ellas desaparece la incertidumbre. Cuando el desenlace se vuelve previsible, la narrativa pierde la gracia, la atracción. Pasa en una relación, en una serie o con el deporte. A casi nadie le interesa un partido de fútbol cuyo resultado ya conoce. De ahí el éxito universal de las loterías, el bingo o la ruleta.

Lo que se esconde detrás del atractivo de estos juegos es un mecanismo cerebral llamado «recompensas variables e intermitentes», que está en la esencia del metabolismo de la dopamina y, por lo tanto, es un rasgo humano universal. Y la industria tecnológica lo sabe. Por ejemplo, cuando jugamos al Fortnite, entre los intercambios de disparos que articulan la partida, el jugador tiene que conseguir cofres para abastecerse: la incertidumbre sobre el contenido de cada uno activa el mecanismo de las recompensas variables intermitentes. Por lo poderoso y efectivo que es para inducir adicción, este mecanismo empieza a estar cada vez más presente. La sociedad trabaja de manera activa en la concienciación y prevención de adicciones a sustancias de consumo problemático, pero no ve inconveniente en que Netflix categorice algunas de sus series como «adictivas» o que videojuegos o redes sociales se valgan de mecanismos para engancharnos.

Llevados un poco por la pereza y otro poco por la ignorancia, les entregamos a empresas de juegos y otras aplicaciones datos e información que guardaríamos con enorme recelo si este acto de cesión fuese tangible. Las grandes empresas tecnológicas, que acumulan cuotas de poder sin precedentes, se presentaron públicamente con un halo de hippismo, abogando por una idea de libertad y democracia no regulada. Hoy parece claro que su meta no era distinta de las corporaciones del pasado: acumular dinero y poder para dirigir el rumbo de los acontecimientos. Son una nueva industria extractiva, como la minería o el petróleo, pero del activo más valioso del presente: nuestro tiempo, y los datos personales y sensibles que sirven de combustible a la IA. Los algoritmos logran así comprender de una manera inédita la geometría del deseo y las razones que hacen que alguien haga algo.

Estos patrones de la mente humana que son visibles para los algoritmos, pero no para nosotros mismos, se convierten en el blanco ideal para controlar nuestra voluntad. Si la función de valoración de un algoritmo apunta a inducir una cierta conducta, las máquinas encuentran estos agujeros en nuestro «sistema operativo» y disparan sin piedad hacia nuestros puntos más débiles. Así como Agassi dominó a Becker porque descubrió un secreto que ni el mismo Becker conocía, las máquinas que adivinan nuestras inclinaciones y predisposiciones tienen una enorme ventaja competitiva contra nosotros mismos.

La escalada del conflicto

En los inicios de las redes sociales, las plataformas utilizaban un mecanismo muy burdo para conocer nuestras preferencias. Se limitaban a mostrarnos el contenido de las cuentas a las que elegíamos seguir, en el orden en el que se iba publicando. Cuando nos conectábamos, lo que se había escrito mientras estábamos haciendo otra cosa quedaba perdido, debajo de la pila de mensajes más recientes. El primer paso que dieron para ser más adictivas fue romper la línea temporal. Lograron aumentar nuestra atención, dándole prioridad a los posteos más exitosos, por encima de otros más recientes, pero menos cautivadores. La curaduría de mensajes de Instagram o Twitter empezó a seguir un algoritmo más y más sofisticado. Podríamos pensar que la clave era seleccionar solo aquellos estímulos que nos resultaran fascinantes. Pero no: recordemos las recompensas variables intermitentes. Cada recarga de pantalla o salto de *reel* es el equivalente a bajar la palanca de la máquina tragaperras. Es más eficaz la incertidumbre de no saber cómo será lo que aparezca que la certeza de siempre ver cosas geniales. Pero no es necesario que esto se programe desde la sede central de Twitter, porque los algoritmos, por supuesto, lo descubren observándonos.

Mostrarnos únicamente el contenido de aquellas personas a las que seguíamos implicaba una limitación muy grande. Con esta restricción, el contenido disponible para captar nuestra atención el máximo de tiempo posible era innecesariamente limitado. Por eso, ahora vemos en las redes cada vez más contenido de cuentas a las que no seguimos. Romper esa regla implícita fue la gran innovación que introdujo TikTok. En lugar de limitarnos a elegir vídeos entre algunos cientos de cuentas seleccionadas por nosotros, se liberó de esta traba y puso a nuestra disposición lo producido por todos los usuarios del mundo. En la jerga esto se conoce como «contenido no conectado» y permitió que la plataforma china alcanzara un nivel de adictividad muy superior al logrado hasta entonces. Instagram, en un reflejo de supervivencia, fue rápido en seguir esos pasos. Sin este ajuste, sus días probablemente estaban contados. He aquí un ejemplo interesante de lo que en inglés se conoce como «race to the bottom»: cuando en una industria competitiva un jugador adopta una práctica nociva, pero que le otorga una ventaja, ese rasgo negativo tiende a generalizarse y amplificarse.

Diríamos que esta batalla ya es desigual, y muy difícil de manejar para el usuario. Pero el asunto puede ser aún peor, ya que estamos en los albores de un nuevo salto cualitativo que puede llevar la apropiación de nuestra voluntad a niveles que no imaginamos. Antes de la irrupción de las IA generativas, las plataformas solo podían mover los hilos de un usuario si otra persona generaba un vídeo suficientemente atractivo para lograrlo. Como el repositorio es tan vasto, era bastante posible que lo encontrasen. Pero pronto ya ni siquiera dependerán del contenido creado por humanos. ¿Cuán adictivas serán las redes sociales del futuro cuando se alimenten de material producido por inteligencias artificiales generativas? ¿Cuando el contenido sea único y personalizado, y vaya dirigido a alcanzar los puntos débiles de cada persona? Más aún si recordamos que la esencia de estos sistemas es manejar la sutileza del engaño.

Eliminada la restricción de que sea alguien quien tenga que generar contenido para captar la atención de otra persona, las posibilidades de manipulación se amplían hasta el infinito. Prescindiendo de los creadores humanos de contenido, las máquinas podrán generar relatos falsos, ideas inexistentes o canciones sintéticas, pero a la vez indiscernibles de los verdaderos. Este es el caso de los *deepfakes* —término que surge de la combinación de *deep learning*, «aprendizaje profundo» y *fake*, «falso»— que traen consigo una posibilidad mucho más amplia de generar contenido. Se parte de una creación humana, se le aplica IA, ya lo suficientemente avanzada como para engañar al ojo humano, y se genera un producto que mezcla de una forma muy sutil la realidad y la ficción. Nos harán reír o llorar, amar u odiar, a su antojo, con una eficacia que Hollywood jamás pudo soñar. Después de todo, las narrativas son la llave de entrada más directa a lo que hacemos y anhelamos.

Seres anfibios

Estas herramientas generativas tocan una fibra muy sensible de nuestro sistema de convicción. Las expresiones «ver para creer» o «lo vi con mis propios ojos» resumen cómo consideramos que la vista es el más fiable de los sentidos. Este sistema hoy está *hackeado*. Al crear escenas falsas, pero extremadamente verosímiles, las IA generativas abren una grieta profunda: si todo puede ser falso se vuelve muy difícil, casi imposible, encontrar lo que es real.

Los *deepfakes* potencian algo que es inherente al ser humano: la sorprendente facilidad con la que nos creemos la ficción. Nos compenetramos con un libro y nos emocionamos, aun cuando sabemos que es solo un cuento. Lloramos con una película cuando muere el protagonista, aunque sabemos perfectamente que todo eso sucede en un estudio repleto de luces y cámaras, y que el actor o la actriz se irá de copas o a buscar a su hijo al colegio pocos minutos después de «haber muerto». Le pedimos a un personaje que deje de hacer algo como si realmente tuviese en ese momento la agencia para hacerlo, y olvidamos que la tensión que nos produce lo que vemos es el objetivo deliberado de un guionista. Millones de personas se excitan mirando porno, en uno de los usos que mayor tráfico genera en internet, como si en esa escena hubiera algo real. Ya en 1817, el filósofo Samuel Taylor Coleridge se refirió a la «suspensión de la incredulidad», la voluntad del espectador, del lector o del jugador de aceptar como ciertas las premisas sobre las cuales se basa una ficción, aunque sean fantásticas o imposibles. Como escribe el ensayista Pablo Murete en *Por qué nos creemos los cuentos*, somos anfibios y tenemos una enorme propensión a adentrarnos en otros mundos: «Si, a pesar de que somos perfectamente capaces de distinguir entre lo que llamamos realidad y lo que consideramos ficción, seguimos buscando y frecuentando con afán esos mundos artificiales, es porque hay algo en ellos que ejerce una atracción impostergable y que en ocasiones nos absorbe con tal intensidad que se convierte en receptáculo de nuestras emociones y en imán para nuestra fantasía». Entramos y salimos de una serie y nos metemos en el guion sin distinguir muy bien dónde empieza y termina lo real. La aparición en el horizonte de la realidad mixta, este continuo que permitirá añadir objetos digitales a la vida real (realidad aumentada) y objetos reales a la vida digital (realidad virtual) puede difuminar todavía más esa ya difusa frontera.

Suspender la incredulidad

Todas estas tecnologías pueden ser usadas para engañarnos, sí. Pero ¿qué tal si nos valemos de la suspensión de la incredulidad para transitar los asuntos más ásperos y difíciles de la realidad? Para no detenernos en paradas menores e intermedias, vamos directo al más difícil de todos ellos, el que está en el corazón de todos los miedos y de todas las historias: la mismísima muerte.

El culto a los muertos está presente en todas las culturas a través del tiempo. Ahora que atravesamos esta situación de cambios rápidos y profundos en los que la tecnología juega un rol tan protagónico, se abre una pregunta: ¿podemos vincularnos con la muerte de nuestros seres queridos, e incluso con la nuestra, de una forma distinta? ¿Podrá la IA redefinir nuestro legado y el de nuestros ancestros? A priori esta misma posibilidad genera escozor, pero podemos pensar que una gran parte de la ficción se ocupa de eso. De conectarnos narrativamente con los que ya no están.

Con la muerte de un ser querido, las anécdotas, miradas, opiniones y toda la huella que esa persona ha dejado en el mundo se pierden de manera irrecuperable. Son los veintiún gramos que desaparecen en el instante mismo de la muerte, el peso del alma. Esta fábula inspirada en la novela de André Maurois y luego retomada en la película de Guillermo Arriaga y Alejandro González Iñárritu representa la búsqueda humana persistente por entender qué es exactamente aquello que se pierde en el instante preciso del óbito.

En esa confusión, entre los elementos del duelo de un ser querido está el entender todo aquello que ya no podrá suceder y todo el pasado que no se puede recuperar. Como escribe Borges: «Todo se lo robamos, no le dejamos ni un color ni una sílaba: aquí está el patio que ya no comparten sus ojos, allí la acera donde acechó su esperanza». En el momento mismo en que muere una persona, se desvanece un cúmulo de recuerdos, su voz, las expresiones particulares de su sonrisa, el contacto preciso del tacto en el roce de su mano. Todo eso se va en esos veintiún gramos. Los muertos aparecen en sueños, en recuerdos difusos, en los libros y las frases que nos dejan, en aquella esquina en la que caminamos de la mano. Y volvemos a esa esquina, volvemos a ese libro, volvemos a conversar a los cementerios para mantener vivo el fuego de la imaginación. Para poder seguir hablando. ¿Y si fuese posible escuchar su voz, si la reconociésemos en sus frases, en sus gustos, en sus ideas, si pudiésemos cerrar los ojos y hablar cinco minutos con un muerto al que tanto extrañamos? ¿Suspenderíamos temporariamente la incredulidad para olvidar que ese es un mero ejercicio de ficción?

Sabemos que se trata de una cuestión muy sensible, y que a algunos la mera idea les parecerá indeseable. El tema tiene además matices religiosos porque, para muchas personas, la muerte es uno más de los designios divinos y no hay nada que nosotros podamos ni debamos hacer ante eso. Pero esta es una buena oportunidad para pensar en los asuntos en los que la llegada de la tecnología nos interpela y nos acerca a temas que solemos postergar.

Perdemos a nuestros abuelos, casi siempre, antes de tener las conversaciones significativas que necesitamos tener de adultos sobre nuestros orígenes, los secretos de nuestras familias o simplemente su mirada de la vida. De niños, gran parte de eso se nos escapa y cuando aparecen esas preguntas, ellos ya no están. Así como sí podemos hacer una copia de seguridad de los contactos de nuestro móvil, no tenemos *backup* alguno de lo más trascendente: el contenido de la mente de una persona. Eso puede cambiar. A partir de la huella digital: fotos, audios, vídeos, escritos, y de documentos acumulados intencionalmente, las IA podrán generar emulaciones verosímiles que incluyan el rostro y la voz, pero sobre todo las ideas y visiones (la *doxa*) de las personas que ya no están.

Del mismo modo en que nos lo permiten otras producciones generativas, podremos imaginar, no de forma real pero sí verosímil, lo que una persona que ya no está hubiera respondido ante determinada pregunta. Cada cual puede imaginarlo en el formato que más atractivo le resulte. No hacen falta hologramas. Tal vez sea una voz que nos cuente el cuento que tantas veces escuchamos de niños y que podemos recrear tiempo después de forma que sea indistinguible del real.

La tecnología en sí es interesante, pero quizá lo sea más pensar qué nos provoca esta idea. Qué deseos, prejuicios, conflictos, convenciones y convicciones se ponen en juego. Aquí la IA nos invita a pensar sobre la esencia de lo humano. En este caso, el vínculo entre la muerte, la ficción y la memoria. Nuestra relación con la pérdida está rodeado de todo tipo de hábitos que asumimos como evidentes, pero no lo son. Pareciera que el ritual fúnebre tiene que ser un lugar de tristeza, pero en realidad, en la expresión variopinta de lo humano, en algunas culturas la muerte se festeja con recuerdos humorísticos o como una ovación de pie para honrar la vida que culmina, como en el final de una magnífica obra de teatro. En otras culturas se acompaña con festejos eufóricos, con grandes celebraciones. De hecho, incluso en aquellos casos en que los funerales nos llevan a la pena y la tristeza como emoción monolítica, es muy común que las personas se rían. No es una consecuencia de los nervios, sino la genuina expresión de que la risa es un recurso ancestral para transitar los asuntos más difíciles de la vida.

Más que un asunto tecnológico, esta es una cuestión de voluntades. De ceder la fe poética en la esfera privada de nuestras vidas. De decidir si navegamos o no, en nuestra condición anfibia, entre ficción y realidad para nutrir la memoria y vincularnos no ya con personajes remotos o inventados, sino con los seres más cercanos y a los que extrañamos. La evocación es meramente probabilística y como tal tendrá cierta sensatez y verosimilitud, pero por supuesto no será real.

En realidad, este ejercicio no es nuevo. ¿Acaso no es habitual que las personas que ya no están se nos aparezcan en los sueños? En los sesenta, Paul McCartney, en pleno conflicto y tensión con Lennon, experimentó un sueño que dejaría una profunda huella en su vida y en la historia de la música. En ese enigmático sueño, su madre, Mary McCartney, fallecida en 1956, apareció ante él con un mensaje reconfortante: «Let it be». La visita onírica de su madre resultó un momento de conexión, el consejo que quería escuchar y que calmaría su espíritu en un momento oscuro. «Mother Mary comes to me» («Mi madre, María, viene a mí») es un reconocimiento de esa experiencia onírica.

Hay cierta similitud entre los sueños y la producción de una red generativa. En los dos se parte de datos disponibles para construir probabilísticamente una *irrealidad* verosímil. Cada emulación será distinta, como cada sueño, porque tienen, entre las regularidades que han identificado, indefectiblemente algo de azar. También lo tiene la vida, solo que no podemos vivir la misma escena muchas veces. Entendemos que, si se repitiese la misma situación, no habríamos dicho exactamente lo mismo ni reaccionado de la misma manera. Reconocer esa variabilidad nos ayuda a apreciar las simulaciones (de redes artificiales o cerebrales en sueños) sin querer aferrarnos tan estrictamente a la realidad.

«Let it be» se convirtió en uno de los grandes éxitos de The Beatles y fue la última canción que lanzó la banda antes de que McCartney anunciara su retirada. La posibilidad de que una inteligencia nos ayude a generar sueños en plena vigilia puede cambiar la esfera íntima pero también, y con menos conflicto, la esfera social y cultural. Nos habilitará a explorar las ideas de las personas que admiramos y ya no están: ¿qué opinarían hoy Albert Einstein o Alan Turing de la IA? ¿Qué pensaría sobre todo esto Francisco de Quevedo?, quien hace unos quinientos años ya daba cierre a su poema sobre la muerte escribiendo: «Cualquier instante de la vida humana es nueva ejecución, con que me advierte cuán frágil es, cuán mísera, cuán vana».

«Hecho por humanos»

En 1974, en su libro *Anarchy, State and Utopia*, el filósofo y profesor de la Universidad de Harvard Robert Nozick concibió un experimento mental para mostrar hasta qué punto necesitamos vincular nuestra experiencia con lo real y con lo humano. En su experimento, ideó una máquina que garantizaba a quien se conectara a ella que todas sus vivencias serían placenteras. Hoy podemos pensarlo con electrodos que estimulan nuestro cerebro y simulan una realidad virtual en nuestra mente. Desde una perspectiva puramente hedonista, parece deseable conectarse y vivir esas experiencias más placenteras que las reales. Nozick, en cambio, argumentaba que la gente preferiría no hacerlo, porque queremos saber que las percepciones no solo se sienten como reales, sino que efectivamente lo son. También porque queremos sentirnos protagonistas y agentes de nuestras vidas. Por buenos que sean los momentos en la máquina de Nozick, han sido fabricados y nos desconectan de lo que percibimos como una realidad más profunda que subyace a nuestras sensaciones. En algún sentido, es como la diferencia entre la vida y el sueño. Por supuesto, una vez dentro de la máquina, la persona olvida la decisión inicial de conectarse y la sensación de estar viviendo algo real resulta plena. Esta es la paradoja del «cerebro en la cubeta» de Hilary Putnam. ¿Cómo hacemos para saber que no estamos ya conectados a alguna máquina de experiencias? ¿Que esta vida no es el sueño de otro universo, o quizá, incluso, que no somos el sueño de una IA?

La mayoría de la gente a la que se le ha preguntado si se conectaría de forma permanente a la máquina de Nozick ha respondido que no lo haría. Aun si fuera posible, no resulta deseable. Este ejercicio mental se vincula con las cuestiones que ya exploramos cuando analizamos el rol que asumirá el trabajo en el futuro: ¿para qué estamos aquí? ¿Qué sentido le damos a nuestros días? El experimento de Nozick muestra que casi todos necesitamos que nuestra experiencia esté anclada en lo humano y la llegada de la IA pone eso en jaque.

En la medida en que siga vigente la idea detrás de la máquina de Nozick y la preferencia se incline por cosas reales y humanas, nuestra actitud ante los *deepfakes* y otras creaciones verosímiles pero no verdaderas oscilará. A veces, entrarán por la puerta de nuestra vulnerabilidad y creeremos en ellos, voluntaria o involuntariamente. Otras, gracias a la resistencia «nozickiana», encontrarán cierta dificultad para instalarse.

En determinados dominios de la vida, hemos elegido vivir sin máquinas porque nos parece que tiene sentido hacerlo así, conectados solo entre humanos. En la industria textil, existe la etiqueta de «hecho a mano»; en las partidas de ajedrez, se juega sin máquinas, y en el ciclismo hay un límite en el uso de tecnología para que el que empuje los pedales, en última instancia, sea el ciclista. ¿En el futuro estaremos obnubilados por el trabajo de las máquinas o preferiremos cosas hechas por el hombre?

Es probable que vivamos cada vez más la tensión entre dos predisposiciones humanas: por un lado valorar las cosas de acuerdo con su eficiencia (un jersey que dura más, es más barato, es más fácil de lavar y pierde menos pelo), y por otro valorarlas en función de quién las hace (si el jersey lo ha hecho una máquina o lo ha tejido una persona). No sabemos aún cómo será la relación entre esas dos fuerzas, tal vez oscilen, tal vez pasemos de admirar la eficiencia de las máquinas a aburrirnos hasta tal punto que solo queramos cosas hechas por personas. Algo de la condición humana nos anticipa que van a coexistir, aunque de qué manera y cómo es aún impredecible. ¿Llevarán las producciones la etiqueta especial «hecho por humanos»? ¿Serán un producto de nicho, como los jerséis tejidos a mano, que todos decimos que valoramos pero casi nadie elige?

La última frontera

En las primeras páginas del libro, vimos que según el test de Turing se consideraba que una máquina era inteligente si era capaz de camuflarse de tal manera que una persona no pudiera determinar si trataba con una IA o con otra persona. El test de Turing tiene ahora una versión en la que el juez es una máquina. Este test es mucho más famoso que el original por su uso masivo y por su utilidad práctica. Se trata del CAPTCHA, *Completely Automated Public Turing test to tell Computers and Humans Apart* o prueba de Turing, completamente automática y pública para diferenciar máquinas de humanos. Se utiliza masivamente en internet para saber si el que accede es una persona o un robot de software. Si es un ser humano, se lo deja pasar; si es un robot, se le impide la entrada. Este ejercicio también ha generado una competición, como la que ya vimos en las redes adversariales, entre hackers y detectives. Unos intentan colarse con sus robots y otros intentan que esto no ocurra. Y así, con el paso de los años, las máquinas han ido perfeccionando su capacidad para resolver los captchas. Hoy en día, el umbral se ha elevado tanto que en ocasiones los humanos tenemos dificultades para descifrarlos. Engañar a las máquinas requiere confundirnos a nosotros. Si en algún momento las capacidades se equiparan, los captchas dejarán de funcionar y tal vez viraremos hacia un modelo en el que establezcamos que todo ser emulado debe tener determinada característica detectable. Una prueba de humanidad o inhumanidad. El famoso escáner de retina en las películas de ciencia ficción que hoy ya asoma en la realidad.

En este momento de la historia, se da un punto de inflexión en esta batalla. Ahora los captcha que solemos encontrar son un botón que dice «no soy un robot». La mayoría de la gente no entiende cómo funciona esta especie de declaración jurada y por qué, con solo apretar este botón, el programa que está al otro lado sabe que realmente no lo somos. Parece, de hecho, lo más fácil de burlar. Pero, por el contrario, es uno de los candados más efectivos para bloquear robots informáticos. La explicación está en la paradoja de Moravec: las máquinas hoy pueden hacer cosas complicadísimas, pero no logran algo tan sencillo como acercarse a ese botón de la manera en que lo haría un humano. Con un gesto que es una mezcla de curvas, acelerones y frenazos, que denotan nuestros titubeos, el tiempo para iniciar una acción o para corregir al vuelo la forma en que nos acercamos a un punto.

Una y otra vez, este encuentro futurista, esta batalla tecnológica, remite a ideas muy antiguas: lo más idiosincrático de lo humano, en este caso, no es su cerebro, ni su corazón, no son las palabras ni las ideas. La última frontera que separa humanos de robots es nuestra mano y su capacidad de intervenir en la naturaleza de una manera precisa. Aquí también nos ayuda Maurette, esta vez en su *Atlas ilustrado del cuerpo humano*. Ahí cuenta la historia de Anaxágoras quien hace casi tres mil años conjeturaba que la mano es el rasgo distintivo de nuestra especie. Las manos aparecen en todas las cuevas prehistóricas, es la impronta que nuestros antecesores han dejado sobre su paso por el mundo. Aldo Faisal, profesor de neurociencia y de inteligencia artificial en el Imperial College, sugiere que la capacidad combinatoria de las manos, para hacer gestos y manipular herramientas, fue un precursor del lenguaje hablado. Todas estas ideas las resumía en una sola frase Galeno; las manos, decía el célebre médico, son el instrumento de la inteligencia.

En el presente, cuando pareciera que las máquinas pueden pasar holgadamente el test de Turing, y pueden hacer vídeos y textos que nos confunden, seguimos buscando el signo contrario, un captcha, un tatuaje, algo que identifique de manera inequívoca a nuestra especie. Ante este duelo entre camufladores y descifradores, que ha estado presente en toda la historia de la humanidad, aparece la pregunta de quién ganará: las máquinas que quieren disfrazarse de personas o las personas que quieren reconocer a la máquina. En la evolución de la IA, asistimos a un juego entre adversarios y llegamos a un punto en el que acercarnos a un simple botón se vuelve la única huella imposible de camuflar de la condición humana. En el gesto más nimio e intrascendente está la señal de que el que responde es uno de nosotros.

10

La moral de un algoritmo

¿Es real el peligro?

En el último tramo de este libro, la ciencia empieza a mezclarse de forma definitiva con la ciencia ficción. Llegamos a *Metrópolis*, *Solaris*, *Terminator*, *Mad Max*, *Her*, *Ex Maquina*, *2001: Odisea del espacio*... Es el momento de preguntarnos por las utopías, las distopías y el apocalipsis: ¿pueden las máquinas y la IA convertirse en una amenaza para nuestra especie? Justamente la ciencia ficción ha sido el laboratorio en el que exploramos este universo de posibilidades, creando escenarios en los que ordenadores superinteligentes adquieren autonomía e intentan (por diferentes razones) aniquilar a la humanidad. Ahora ya no es una película: muchas de las personas que más entienden de IA hace un tiempo que nos advierten sobre el riesgo que esta tecnología implica para nuestra existencia en los años venideros.

En mayo de 2023, muchos de los referentes mundiales en el tema firmaron una declaración conjunta que consiste en una sola oración: «Mitigar el riesgo de extinción por causa de la IA debe ser una prioridad global, a la altura de otros riesgos como las pandemias y la guerra nuclear». La frase llama la atención por lo contundente, pero también por lo escueta. Subraya tanto el consenso acerca del peligro existente, como la imposibilidad de trasladar la preocupación a acciones concretas por la dificultad que plantea ponerse de acuerdo sobre qué forma podría tomar ese peligro y qué medidas podríamos adoptar para protegernos.

A muchas personas, la mera posibilidad de que la humanidad pueda extinguirse en los próximos años por causa de la IA les parece un despropósito, una de las fantasías del cine catástrofe. ¿Cómo podría una máquina hacernos semejante daño? Si eso fuese una amenaza real, ¿no podríamos simplemente apagarla? Pero lo más probable es que una IA tan avanzada como para ser peligrosa no resida en un solo ordenador, sino que esté distribuida en fragmentos en una red deslocalizada para la que no habrá un interruptor de apagado general. O, más bien, serán las inteligencias de esa red las que lo controlen. Apagar una inteligencia artificial avanzada se parecerá más a erradicar un virus que a apagar la luz. El mayor peligro de todos quizá sea pecar de ingenuos. El riesgo es real. Y desatenderlo o subestimarlo no hace más que amplificarlo.

Muchos sostienen, por ejemplo, que es imposible que generemos una inteligencia que supere nuestra propia capacidad. Pero, por más que creamos que la inteligencia es el rasgo más definitorio de nuestra especie, no somos el pináculo de nada. Pudimos idear y fabricar dispositivos que levantan miles de veces más peso que nosotros, artefactos capaces de volar y cruzar océanos y continentes o llevarnos a la luna. Si hemos podido construir máquinas con la capacidad de superarnos en todos estos aspectos, ¿por qué no sería posible fabricar otras que superen nuestra inteligencia general?

La IA es una tecnología muy diferente de todas las que hemos inventado hasta ahora. En primer lugar, por el método que usamos para construirla. Para hacer, por ejemplo, la bomba atómica, debimos primero entender de manera muy precisa el proceso de fisión nuclear. ¿Cómo desatar a voluntad una reacción en cadena? ¿De qué manera se detiene? Al lanzar la primera bomba sobre Hiroshima, el gobierno de los Estados Unidos podía delimitar la extensión del hongo nuclear. Su efecto, tremendamente destructivo y nocivo, había sido estimado con bastante precisión.

A la IA, en cambio, estamos llegando por un camino muy distinto. No logramos entender aún los mecanismos que dan origen a la inteligencia biológica, y muchísimo menos a la conciencia. Es como si estuviésemos fabricando una bomba nuclear con una comprensión muy precaria de la física del núcleo y de las partículas elementales. Y así, la explosión de esta «bomba de inteligencia» puede extenderse en formas que nos son casi imposibles de pronosticar. La IA es un experimento en tiempo real en el que participa, con o sin consentimiento, toda la población mundial. Ya vimos como GPT fue un experimento que desarrolló habilidades que ni siquiera sus creadores fueron capaces de imaginar. La inteligencia artificial sale de la circularidad previsible de las máquinas y se inserta, de pleno, en lo imprevisible, en lo que siempre ha sido territorio de la *polis*, el lugar más selecto del devenir humano.

Una inteligencia no es una herramienta inerte, como un avión o una bomba. Por su propia naturaleza, es dinámica y puede tener agencia. Puede aprender sin que nadie le enseñe, es capaz de planificar y establecer metas intermedias para alcanzar los fines que persigue, tiene la posibilidad de tomar decisiones que tienen un efecto real sobre el mundo y sobre su propia estructura y podría, eventualmente, realizar copias idénticas o modificadas de sí misma. Aun sin serlo, reúne casi todas las condiciones de un ser vivo: es un ente con intención, que trabaja activamente y consume energía para lograr un objetivo con cierta planificación. También tiene personalidad; dos instancias de una misma IA, con ligeros cambios arbitrarios en sus parámetros pueden dar lugar a ideas y comportamientos muy distintos. Una inteligencia artificial puede programarse a sí misma, y reproducirse. Podría incluso tener «sexo digital», combinándose con otras inteligencias para mezclar sus identidades.

La ceguera del optimismo

El peligro de perder el control de la reacción en cadena de la IA se vuelve más tangible por una tendencia muy estudiada de nuestro razonamiento: «el sesgo optimista». En su versión más habitual, se trata de pensar que, ante una misma situación, corremos menos riesgo que los demás. Esta subestimación del peligro está detrás de quienes circulan sin cinturón de seguridad, creyendo que a ellos no les atañe la holgada estadística que muestra el riesgo significativo de no usarlo.

En un contexto como este, esa inclinación a desatender el riesgo puede volverse en nuestra contra. Y resulta que es muy difícil de resolver porque es un mecanismo muy constitutivo y arraigado del cerebro humano. Cuando descubrimos algo que consideramos beneficioso, se activa un grupo de neuronas en una región específica de la corteza prefrontal, el giro frontal inferior izquierdo. Por otro lado, cuando las cosas son peores de lo que esperábamos, otro grupo de neuronas se activa en la región homóloga del hemisferio derecho. Estas dos regiones cerebrales establecen una especie de equilibrio entre las buenas y malas noticias, pero esta balanza está inclinada. Mientras que la reacción frente a lo bueno es consistente entre todas las personas, la activación del giro frontal derecho ante algo malo suele estar atenuada, lo que hace que ignoremos las malas noticias. En este punto radica la base biológica del optimismo: no es tanto nuestra capacidad para apreciar lo bueno, sino más bien la habilidad para ignorar y olvidar lo malo.

La posibilidad de hacernos los distraídos, consciente o inconscientemente, frente a ciertos riesgos nos ha permitido hacer todo tipo de cosas con poco titubeo. Desde las más comunes, como reformar una casa (es casi obligado subestimar el tiempo y el coste de construcción) o tener hijos (sin la amnesia posparto mucha menos gente tendría un segundo hijo), hasta las más singulares como subir el Annapurna o viajar a la luna. Pero también hay buenas razones para advertir el peligro que genera el exceso de optimismo cuando promueve acciones que son temerarias. Riesgos que en realidad no querríamos asumir, porque no valen la pena, en los que la ceguera de nuestro cerebro nos sumerge. El ejemplo clásico es mandar un mensaje de texto mientras conducimos, confiados en que no va a pasar nada. Sentimos que el riesgo para nosotros de mandar el mensaje es poco, cuando en realidad es muy alto. Un aspecto importante del aprendizaje es protegernos activamente de la disposición que tiene nuestro cerebro a pasar selectivamente ciertos riesgos por alto. Con la llegada de la IA, con sus peligros camuflados por el optimismo, estaremos poniendo a prueba nuestra capacidad de combatir nuestro propio sesgo. Precisamente el que nos permite entender que llega una tormenta importante, pero actuar mientras no ha llegado como si no pasara nada.

ALGUNAS LECCIONES DE LA CRISIS CLIMÁTICA

Las distintas opiniones, creencias y conversaciones que han resultado de la degradación del medio ambiente y del cambio climático presentan varias similitudes con las que despierta el surgimiento de la IA. Además de las predisposiciones psicológicas que nos llevan a ignorar el peligro aun cuando entendemos que hemos activado una bomba de tiempo, estos dos temas coinciden en otros dos rasgos que los vuelve aún más complejos: son difíciles de visualizar y constituyen problemas globales en los que se mezclan grandes intereses económicos y geopolíticos.

Es mucho más difícil atender una variable de riesgo cuando es invisible a los ojos. Si la temperatura media del planeta sube «solo» dos grados en menos de cincuenta años se derretirá el hielo ártico, dando lugar a un caos completo en el planeta. Pero en la piel, un cambio de dos grados se percibe como una diferencia sutil, incapaz de causar ese cataclismo. En este escenario resulta fácil jugar con los datos para confundir a la opinión pública y poner en duda la causalidad o ridiculizar la idea. Un buen ejemplo de esto nos lo dio el expresidente norteamericano Donald Trump, quien en pleno ejercicio de su negacionismo del cambio climático subió una foto suya rodeado de nieve en un invierno gélido en Nueva York bajo la consigna: «Necesitamos MÁS calentamiento global». ¿Cómo lograr un acuerdo de buena voluntad alrededor del cambio climático si la buena voluntad está muy condicionada por interpretaciones intencionalmente sesgadas?

Los umbrales de cambio de temperatura o de densidad del dióxido de carbono en la atmósfera necesarios para iniciar el desequilibrio del ecosistema planetario resultan imperceptibles para nosotros. Podemos preguntarnos, por analogía: ¿cuál sería el aumento de temperatura que llevaría a la IA a un punto de no retorno equivalente? ¿Cuál será ese cambio imperceptible que convertirá una herramienta que despierta curiosidad en algo que puede destruir a la especie humana?

Muchos cambios de este tipo operan como transiciones de fase. Parece que no cambia nada, hasta que cambia todo. Si tenemos agua en estado líquido, podemos reducir decenas de grados la temperatura sin notar ningún efecto evidente. Pero superado el umbral de 4 grados se da una transformación abrupta y repentina. Basta bajar la temperatura apenas un poco más para que el agua se convierta en hielo y se modifique completamente su estado. En ocasiones, los cambios de fase son reversibles. Si queremos volver a tener agua líquida, basta con derretir el hielo. Pero otros, como la combustión, son simplemente irreversibles. Una vez que ocurre esa transición de fase ya no hay camino de retorno.

El sesgo optimista, la certeza de que la fortuna estará de nuestro lado aun en los escenarios más desfavorables, nos lleva a desestimar los enormes peligros que acechan la continuidad de la vida en la tierra. Hablamos de ello, pero no hacemos nada, como si el peligro no fuera más que un tema para una charla de café. Esta es la gran contradicción del cerebro humano: es fabuloso construyendo narrativas y vislumbrando futuros, pero en ocasiones es totalmente incapaz de reconocer el peligro y de hacer algo al respecto. Nos recuerda al célebre poema del pastor protestante Martin Niemöller (tantas veces atribuido a Bertolt Brecht en una noticia falsa de la prehistoria de las redes sociales) que comienza diciendo: «Cuando los nazis vinieron a buscar a los comunistas, guardé silencio, porque yo no era comunista». Esta poesía es una magnífica expresión de cómo opera el sesgo optimista: hasta no ver el precipicio, seguimos con nuestra vida como si nada pasara.

Errores inadvertidos y deliberados

Los seres humanos, aun presumiendo de ser la especie más inteligente que habita este planeta, nos equivocamos constantemente. Incluso sabiendo que no nos conviene, a veces caemos en la tentación de comer de más. Reaccionamos airadamente y decimos cosas de las que un rato después nos arrepentimos. Nos embarcamos en peleas que hacen mal a todos los involucrados. Cada uno de estos ejemplos, y muchos otros, son consecuencia de fallas serias en el razonamiento, que aparecen de manera repetida y previsible: una vez más, los sesgos cognitivos. Somos, como el título del libro de Dan Ariely, previsiblemente irracionales.

Curiosamente, ahora que empezamos a interactuar con inteligencias artificiales, cuya estructura básica está inspirada en nuestro cerebro y que son entrenadas sobre la base de nuestros propios datos, tenemos la expectativa de que las máquinas no cometan errores. ¿Por qué exigirles a ellas un grado de perfección que nosotros mismos no alcanzamos? Todos hemos pasado por ese momento en el que le preguntamos a alguien cómo ir a algún sitio y en medio de la explicación titubeante nos damos cuenta de que sabe tanto o menos que nosotros. Y ahí se da una batalla entre la cortesía y la necesidad. La primera indica que debemos escuchar con cara de interés y la segunda, que salgamos corriendo para llegar por fin al sitio que con tanta prisa buscamos. En cambio, si vamos conduciendo, decidimos por alguna razón desobedecer a Google Maps, y el estimado de hora de llegada se reduce un minuto en vez de aumentar, sentimos una mezcla de enojo hacia la máquina y de alegría reivindicativa de lo humano. Nosotros somos unos genios, ellas unas idiotas.

En el proceso de incluir más y más IA en la vida cotidiana, es importante saber que, al igual que nosotros, se van a equivocar. Esos errores son de tres grandes tipos que conviene identificar: en primer lugar, a veces nos proponen cosas que no nos favorecen porque la función de valor que guía sus decisiones refleja los deseos y conveniencia de quien la crea, y no necesariamente de quien la usa. Ya vimos esto al hablar de los efectos de las redes sociales, pero vale la pena revisitarlo aquí.

Si somos usuarios de una aplicación de taxis, nuestra preferencia seguramente será que el coche llegue rápido, nos lleve en el menor tiempo posible y nos cueste poco dinero. Pero los incentivos de la empresa que programa la aplicación no son los mismos. Quizá los dos primeros coincidan. Pero el tercero seguramente no. A la compañía le conviene cobrarnos lo más caro que estemos dispuestos a pagar, sin que dejemos de hacer el viaje. Y nosotros, cuando solicitamos uno de estos viajes, no sabemos por qué nos toca determinada tarifa. Entendemos que detrás de la definición del valor hay un algoritmo que considera un gran número de factores que cambian minuto a minuto: cuántos conductores están disponibles, cuál es la demanda de taxis en ese momento, si llueve, si hay un concierto o partido cerca, etc. Pero si una IA se propone, por ensayo y error, encontrar la manera de maximizar el precio cobrado, pronto descubrirá oportunidades para aprovechar nuestras debilidades. Y así sucedió. En más de una ocasión han acusado a la empresa Uber de cobrar más por los viajes a aquellos usuarios a los que les quedaba poca batería en el móvil. Fue la IA la que descubrió que en esta situación de vulnerabilidad podía subir el precio. La empresa desmintió las acusaciones y, repentinamente, el «efecto baja batería» desapareció. ¿Habrá otros efectos similares que aún no se han descubierto?

Una segunda tipología de problema de los ordenadores surge como resultado de los propios prejuicios humanos, heredados de los datos de entrenamiento de la IA. Imaginemos que queremos preparar una red neuronal para que haga selección de personal. Para eso contamos con una enorme cantidad de CV de candidatos que ya han sido entrevistados e información acerca de cuáles de ellos fueron contratados y quiénes luego mostraron un alto rendimiento laboral. Después de analizar esa información, una IA descubriría los atributos, tanto los evidentes como los ocultos, que caracterizan a aquellas personas que van a trabajar de manera excelente. Y así podría, con solo mostrarle un currículum nuevo, recomendar si una persona debe ser contratada o no. ¿Cuál es el inconveniente? Aquí uno: si por prejuicios humanos en las incorporaciones anteriores, ciertos grupos sociales están subrepresentados, por ejemplo, las personas de nivel socioeconómico bajo o las que tienen narices prominentes, este grupo no tendrá peso entre los que demostraron trabajar bien. No porque les faltase potencial, sino simplemente porque se les negó la oportunidad de demostrarlo. Así, la red neuronal heredará los sesgos discriminatorios que estén implícitos en su material de entrenamiento. Puede que la IA resuelva bien el problema que se le ha asignado y que las personas que recomiende sean muy buenas. Pero, sin siquiera saberlo, estaremos dejando afuera de manera injusta a ciertos grupos. Esta aparente excelencia vuelve el asunto aún más peligroso porque, al final del camino, los algoritmos no solo serán discriminadores o racistas, sino que es posible que ese sesgo quede oculto detrás del manto de la efectividad.

Finalmente, hay un tercer caso en que las IA podrían tomar decisiones contrarias al interés de las personas. ¿Qué pasaría si consideran que atacar a los seres humanos es un medio eficaz para conseguir el objetivo que les han propuesto? En los sistemas actuales, la función de valor es definida por los creadores del modelo. Sin embargo, con el avance de esta tecnología, los ordenadores podrían encontrar la manera de redefinir sus propios fines. En estos casos, el conflicto de interés ya no sería entre empresas y personas, o discriminadores y discriminados, sino entre las máquinas y humanos. Este escenario, el favorito del cine, se conoce como «el problema del alineamiento»: ¿cómo garantizar que máquinas inteligentes no se vuelvan en contra de sus creadores? Es importante destacar que ese potencial enfrentamiento no requiere necesariamente de conciencia ni de una maldad intrínseca por parte de la IA. Es suficiente con que perdamos el control sobre algo sumamente poderoso, y capaz de operar a gran escala sobre el mundo, por un error en la función de valor, por alguna omisión en las limitaciones que se le impongan, por alguna propiedad emergente inesperada o por la posibilidad que tengan de modificar los objetivos que les damos.

La ciencia ficción nos sirve como inspiración para pensar estos problemas que hoy son reales. Estas historias constituyen, en definitiva, ensayos sobre una psicología y sociología especulativa, investigando cómo las nuevas tecnologías pondrán a prueba la condición humana. En ese experimento estamos ahora.

El autor estadounidense Isaac Asimov ha pensado extensamente sobre el problema de la convivencia entre máquinas inteligentes y seres humanos. ¿Cómo hacer para que esa convivencia constituya una utopía y no una distopía? En su relato «Círculo vicioso», de 1942, Asimov esboza una primera versión de sus célebres leyes de la robótica, que después atravesaron el resto de su obra e inspiraron a muchos otros autores, filósofos y científicos.

Estas son:

Primera Ley:	Un robot no puede hacer daño a un ser humano ni permitir, por inacción, que un ser humano sufra daño.
Segunda Ley:	Un robot debe obedecer las órdenes dadas por los seres humanos, excepto si estas órdenes entran en conflicto con la Primera Ley.
Tercera Ley:	Un robot debe proteger su propia existencia en la medida en que esta protección no entre en conflicto con la Primera o la Segunda Ley.

Más adelante, en su obra introdujo otra directiva anterior a las tres enunciadas. La Ley Cero: un robot no puede dañar a la humanidad o, por inacción, permitir que la humanidad sufra daños.

Estas leyes fueron concebidas por Asimov para explorar las implicaciones éticas y morales de la interacción entre personas y robots en sus historias. Establecen un marco para garantizar la seguridad y el bienestar de los seres humanos en relación con las acciones de las máquinas. Ese marco, en términos concretos, se puede implementar en la programación de una función de valor de una IA. A primera vista, parecen razonables y suficientes. Sin embargo, en su obra, el mismo Asimov explora situaciones en las que las leyes de la robótica pueden volverse complicadas o conflictivas, y presentar dilemas éticos de muy difícil solución.

El sesgo implícito en los datos de entrenamiento de los algoritmos y el problema del alineamiento nos introducen de lleno en un aspecto nuevo y profundo de la IA: las derivaciones y desafíos éticos que se plantean cuando la habilitamos para tomar decisiones o para interactuar con seres humanos. Parece, entonces, necesario, para acotar los problemas morales, proporcionarle un marco ético que limite y oriente sus acciones. Nos topamos aquí con un gran inconveniente: tras miles de años de debates filosóficos y dilemas prácticos, no logramos consensuar una visión unánime e inequívoca de lo que está bien y lo que está mal. Si no hemos conseguido ponernos de acuerdo entre personas, ¿cómo transmitir directrices claras a una máquina?

No fui yo, fue el palo

Es muy probable que a la mayoría de las personas les resulte inaceptable valerse de la información sobre la falta de batería para sacar ventaja económica de esa situación vulnerable. Y no es imposible que incluso a los propios directivos de Uber les parezca «mal». ¿Cómo puede ser entonces que hayan implementado esta regla? Quizá, y solo quizá, nunca se hayan reunido para tomar esa decisión. Puede que simplemente le hayan encargado a un algoritmo la tarea de optimizar el precio y que ni ellos mismos supieran cabalmente qué es lo que la IA estaba haciendo, en este espacio de millones de parámetros mezclados, para mejorar su negocio. Más allá de este ejemplo puntual, cargado de conjeturas, el principio vale y tendrá mucha importancia en los años venideros: dejar decisiones en manos de algoritmos que logran sus metas sin explicarlas puede llevarnos a adoptar medios moralmente cuestionables sin siquiera estar al tanto de ello. Algo parecido sucede en el caso que vimos del sistema de IA para contratar personal. Aun cumpliendo con su cometido de elegir personas excelentes, el sistema podría acabar aplicando criterios que, si estuvieran explícitamente formulados, serían inaceptables. El problema es muy grave porque la discriminación queda invisibilizada detrás de un algoritmo que se hace cargo de la decisión.

Cuando el mando humano es reemplazado por una herramienta, se produce un cambio sutil pero que tiene un impacto sorprendente en la construcción de la moral. Si un algoritmo toma una decisión cuestionable, el ser humano queda en una posición más cómoda llegado el momento de justificarse. Los agravios no lo son tanto cuando los hace un tercero y cuando podemos esconder la cabeza bajo tierra y alegar, sobre todo ante nosotros mismos, ignorancia y desconocimiento. En su libro *The Honest Truth About*

Dishonesty: How We Lie to Everyone —especially Ourselves, Ariely lo demuestra otra vez en un experimento colorido e ingenioso. Después de observar cómo distintos grupos jugaban al golf, advirtió que pocos estaban dispuestos a hacer trampa moviendo la pelota con la mano para lograr un tiro más fácil. Pero bastantes más se animaban a hacerlo utilizando el palo, amparados quizá en una justificación extravagante pero efectiva: «No fui yo, fue el palo». Hay que entender que esta justificación no es explícita. No es que uno se diga a sí mismo esta frase. Sin embargo, actuamos como si fuese cierta. En el campo más amplio de las decisiones en las que interviene la IA, el algoritmo, de alguna manera, cumple el rol del palo de golf, porque invisibiliza nuestro papel y nos aleja un poco de las decisiones. Y con eso *se sienten* menos graves.

En última instancia, lo que estamos explorando aquí es cómo construimos la moral, cómo concluimos, sin que nadie nos lo diga, aquellas cosas que nos parecen correctas y aquellas que no. Y, en este camino, uno de los ejemplos más útiles y favoritos de muchos filósofos y científicos de la ética y la moral es el «problema del tranvía de San Francisco». Es una caricatura y plantea un escenario que jamás se daría, pero en parte por eso mismo nos ayuda a entender las dificultades que aparecen cuando intentamos separar lo que está bien de lo que está mal.

Imaginemos un tren que se desplaza a toda velocidad. Aún está a cierta distancia de nuestra posición, pero desde donde estamos podemos observar a cinco personas que están reparando la vía más adelante. No disponemos de ningún medio para alertar al maquinista ni a los obreros sobre el inminente peligro que corren. Sin embargo, frente a nosotros, hay una palanca que tiene la capacidad de desviar el tren hacia una vía alternativa en la que se encuentra una sola persona trabajando. Entendemos fehacientemente que esto es lo único que podemos hacer. ¿Moveríamos la palanca? Este dilema, en diferentes épocas y culturas, se resuelve abrumadoramente de una manera: la mayoría de la gente cree que hay que mover la palanca, porque, se entiende, es mejor el mal menor y pudiendo elegir es preferible que muera una persona y no cinco. La matemática parece clara. Sin embargo, nos sumergimos ahora en otro dilema que nos muestra que la moral es mucho más compleja e intrincada.

Ahora estamos en un puente desde donde vemos un tranvía que se conduce de forma automática, sin conductor y sin pasajeros, que avanza sin frenos por una vía en la que hay cinco personas. Sabemos fehacientemente que no hay manera de detenerlo y que va a atropellar a las cinco personas. Hay una única alternativa. En el puente hay una persona muy voluminosa. Está sentada contra la barandilla contemplando la escena. Sabemos con toda certeza que si la empujamos va a morir pero también va a hacer que el tranvía descarrile y se salven las cinco personas. ¿La empujaríamos? En este caso, casi todo el mundo elige no hacerlo. Y la diferencia se percibe de manera clara y visceral, como si fuese el cuerpo el que habla y decide. Entendemos y sentimos que no tenemos derecho a empujar a alguien deliberadamente para salvar a otra persona de la muerte. Aun si el único juicio posible es el de nuestra propia conciencia.

Los resultados son concluyentes y universales: casi todos moveríamos la palanca y casi nadie empujaría al grandote. En un sentido aritmético, los dos dilemas son equivalentes: podemos hacer algo para salvar a cinco personas a costa de una, o elegir que la historia siga su curso porque nos sentimos sin derecho moral a condenar a alguien a quien no le correspondía morir. Lo que cambia en los dos dilemas, y hace que una de las decisiones resulte inadmisible, es la acción que tenemos que ejercer. La primera no es una acción directa sobre el cuerpo de alguien. Además, parece inocua y es una acción frecuente y desligada de la violencia. En cambio, la relación causal entre el empujón al grandote y su muerte se siente en la piel y el estómago. En el caso de la palanca, esta relación solo es clara para la razón.

Vemos aquí algo parecido al palo de golf de Ariely. La palanca establece una distancia entre nuestra acción y la muerte de esa persona a la que, de otro modo, no le iba a pasar nada. Y la vuelve más tolerable. Aun así, una minoría elige no mover la palanca. Porque se valen de otro argumento moral que solo se vuelve más evidente para todos en el caso del puente. Quizá no tengamos ningún derecho para jugar a ser dioses y decidir quién muere y quién no, ni siquiera con la matemática a favor.

El fantástico investigador de la Pompeu Fabra, Albert Costa, realizó, en 2014, pocos años antes de su prematuro fallecimiento, un estudio en el que descubrió que cuando las instrucciones se presentan en un idioma que no es el nativo, algunas personas cambian su opinión moral y están más inclinadas a tomar la decisión de empujar a la persona al vacío. ¿Por qué ocurre esto? ¿Acaso nuestras creencias morales dependen del idioma en el que las expresamos? Eso precisamente demostró Albert, y con lo visto podemos entender por qué: la segunda lengua, la que hablamos con menos naturalidad y fluidez, nos proporciona una distancia emocional, similar al uso del palo de golf. Como en la máxima de Groucho Marx, parece ser cierto aquello de que «Estos son mis principios, si no te gustan… tengo otros».

Encerrados en nuestro propio laberinto de dudas e inconsistencias, tenemos el desafío de indicar de manera precisa a las máquinas la delgada línea que separa el bien del mal. En este embrollo, ¿será posible llegar a un consenso para establecer las reglas morales de una IA?

Máquinas morales

A medida que las máquinas van cobrando autonomía para tomar decisiones en entornos humanos, se hace imprescindible dotarlas de una moral que les permita resolver por su cuenta los dilemas que se les presentan. Veámoslo con un ejemplo que ya está empezando a generar controversia: el de los coches autónomos.

En la gran mayoría de los casos, los accidentes automovilísticos se deben a errores de los conductores y no a fallos mecánicos del vehículo. Está probado: somos malos conduciendo. Más, en todo caso, de lo que pensamos. El exceso de velocidad, las maniobras bruscas, el consumo de alcohol o drogas y las distracciones por el uso del móvil son algunas de las principales causas que llevan a que los accidentes de tráfico sean, en gran parte del mundo, la mayor causa de mortalidad en personas jóvenes. A diferencia de nosotros, los ordenadores no se ponen nerviosos, no se quedan dormidos, no tienen malos días, y hasta tienen la capacidad de enviar mensajes de WhatsApp mientras conducen sin que eso afecte su nivel de atención.

Pero para delegar la conducción en un algoritmo capaz de garantizar un alto estándar no basta con que conduzca bien. También será necesario que pueda resolver situaciones específicas que requieran de una decisión de tipo moral. La elección de qué criterio ético aplicar a nuestros vehículos es un tema muy delicado que es objeto de estudio y debate por parte de investigadores, filósofos y tecnólogos. Pongamos un ejemplo. Se da un fallo repentino en una rueda, y el «cerebro» del vehículo autónomo comprende que un choque es inevitable y debe elegir qué accidente es preferible: ¿será mejor chocar con el coche de adelante, el de la derecha o el de la izquierda? Hay dos posiciones posibles para tomar esa decisión: podemos decir que un algoritmo es egoísta cuando prioriza, en su decisión, cuidar a los ocupantes. Por el contrario, un algoritmo es altruista si trata a todas las vidas por igual y, llegado el caso, puede sacrificar a sus pasajeros si ese es el curso de acción que minimiza el coste en términos de vidas, como ya hemos visto en el problema del tranvía de San Francisco.

Esta discusión es apasionante porque nos enfrenta a dilemas difíciles de resolver. Implementar el algoritmo altruista hace que se salven muchas más vidas pero también nos enfrenta, de manera explícita y evidente, a la posibilidad real de ser sacrificados por un algoritmo que decide salvar a otros. ¿Deberíamos establecer una ética única a través de la legislación o permitir la coexistencia de diferentes enfoques? ¿Es esta una de las tantas libertades individuales o forma parte de un consenso del pacto social? ¿En el futuro elegiremos nuestros coches en función del que se alinee más con nuestros valores y ya no tanto en función del color o la comodidad que nos ofrezcan? Si decidimos que los coches deben ser altruistas, ¿cómo evitar que los algoritmos sean manipulados por sus dueños para cuidar sus vidas ante todo?

Un estudio del Media Lab del MIT mostró que al plantear la disyuntiva entre salvar la vida del dueño de un coche o la de diez personas, el 76 por ciento de los entrevistados opinó que los vehículos deberían ser altruistas. Esta postura tiene sentido, ya que en principio no sabemos en qué posición nos encontraremos cuando haya un accidente: podemos ser los dueños del coche que causa la colisión, pero también podemos ser los desafortunados ocupantes de otro vehículo o peatones en el lugar equivocado en el momento incorrecto. Al salvar la mayor cantidad de vidas sin importar quiénes sean esas personas, aumentamos nuestras propias posibilidades de sobrevivir.

Sin embargo, los resultados cambian por completo cuando se les pregunta si comprarían un vehículo automatizado con una ética altruista como aquella. Al asumir esa perspectiva específica, la del dueño del coche, la mayoría de las personas se niega a comprarlo si la prioridad absoluta del automóvil no es salvar su propia vida. Si en el futuro se legisla que el algoritmo de los coches automatizados responda a un criterio altruista, probablemente muchos no aceptarán conducirlos aun cuando mejore la probabilidad de que protagonicen menos accidentes porque, simplemente, no valoran el resto de las vidas con los mismos criterios que la propia. O, quizá por el sesgo optimista, no contemplan que la propia vida puede estar expuesta a otro de los millones de coches que circulan.

El problema es más complejo aún, y nos remite de vuelta al problema del tranvía. ¿Acaso tenemos derecho a decidir quién muere en un accidente, aun con la matemática a favor? Y podemos introducir escenarios más complejos: ¿vale igual la vida de un bebé que la de un anciano? ¿Y la de una mujer embarazada? Esta pregunta, en todo su espectro de posibilidades y complejidades, la analiza Edmond Awad en un experimento que se convirtió en un juego viral, una estrella de *streamers*, y que apasionó a millones y millones de jóvenes a través del mundo titulado *The moral machine experiment* (El experimento de la máquina moral). La estructura del experimento siempre es la misma: un vehículo automatizado tiene que tomar una decisión en la que indefectiblemente morirá alguien, como en el dilema de San Francisco. Pero aquí la clave no es la cantidad de gente involucrada, sino su identidad. Jóvenes, viejos, niños, mujeres, embarazadas, gordos, flacos, deportistas, guapos, feos, ladrones, médicos, bomberos... ¿Qué opina la gente a lo largo y ancho del mundo? ¿Puede que a muchos les parezca que algunas vidas deberían ser más protegidas que otras? Los resultados promediados entre millones de personas muestran que en el mundo la gente tiende a actuar con algunos criterios bastante precisos: la vida de un bebé vale más y casi todo el mundo prefiere salvarlo antes que a un adulto. Hay una intuición del tiempo que le queda por vivir y un arraigo emocional que toma por asalto la decisión. Pero hay más. La gente prefiere salvar a un médico o a un atleta que a gente de otras profesiones. Increíblemente, el valor de la vida de un criminal se ubica en la lista entre la de un perro y la de un gato. Por las dudas reiteramos que aquí de ninguna manera estamos diciendo que esto sea correcto o que, por ser lo que la gente piensa, debería tomarse como un principio moral. Por el contrario, la intención es mostrar lo difícil que es hacerlo y cómo esta gradación da cuenta de nuestros prejuicios y refleja las creencias que pesan al momento de tomar decisiones.

En el *Diálogo de Menón*, Sócrates habla con su amigo sobre la virtud: ¿se aprende o hay que enseñarla? ¿Cómo se descubre qué está bien y qué está mal? Esta pregunta que nos acompaña desde la cuna de la civilización vuelve hoy con todo su ímpetu con la llegada de la IA. ¿Cómo codificar los algoritmos morales de la IA? ¿Cómo descubre una IA la virtud? ¿Se la enseñaremos o tendrá que aprenderla, como aprendió a jugar al go? Esta pregunta tan difícil como fundamental va a cambiar las sociedades futuras. Hablamos antes de lo difícil que es indicarle de manera inequívoca a una máquina cosas tan sencillas como cómo hacer un sándwich de mantequilla y mermelada. Imaginad explicarles algo tan profundo como el modo de definir qué está bien y qué está mal. Pese a que en este capítulo indagamos en el problema como si fuera una cuestión abstracta, en el capítulo final veremos que en el grado de éxito de esta empresa colectiva posiblemente se juegue el futuro de la especie humana.

11

Entre la utopía y la distopía

Algoritmos de izquierda y de derecha

Así como las estadísticas de accidentes muestran que los seres humanos no somos buenos conduciendo coches, la frustración que muchas personas sienten frente a la gestión pública y la representación política parece un indicador de que tampoco somos excelentes gobernando. Considerando esta persistente ineficiencia, ahora que hemos visto que las inteligencias artificiales, pueden intervenir tanto en el *oikos* como en la *polis* podemos plantearnos, en un ejercicio de curiosidad, las siguientes preguntas: ¿podrían mejorar las instituciones de un gobierno representativo si delegáramos algunos elementos de la gestión a una IA? ¿Tomarían mejores decisiones en política pública? La respuesta espontánea de la mayoría de la gente es que no. Pero antes de cerrar la cuestión rotundamente sigamos indagando.

Cuando elegimos a un diputado o un senador, lo hacemos pensando que tomará decisiones similares a las que nosotros tomaríamos. Es la esencia de la democracia representativa. Supongamos que se miden exhaustivamente las decisiones que toma nuestro senador electo y se comparan con las que toma un programa que ha estudiado nuestras preferencias. Y supongamos también que ese programa representa nuestra visión política de manera más precisa que el senador humano. Es decir, que en cientos de problemas diversos, la decisión que toma coincide con la que nosotros querríamos, mientras que esa coincidencia es muchísimo menor con la persona que votamos. ¿Estaríamos de acuerdo en delegar nuestro voto en ese programa que nos representa mejor, o hay temas que no pueden dejarse en manos de las máquinas?

El problema evidente de dar entrada a una IA en la función pública y el ejercicio del gobierno es, una vez más, la enorme dificultad de definir la función de valor que guíe sus decisiones. Podrán ser excelentes en llegar a la meta que les fijemos, pero ¿cuál será esa meta? La barrera esencial es lo variada y ecléctica que puede ser la definición de «bien común». Desde una visión de derechas, probablemente la prioridad sea garantizar la propiedad privada, y para una visión más de izquierdas, generar una sociedad con menos desigualdad. Del mismo modo que con el ejemplo de los coches egoístas y altruistas, habrá algoritmos de derechas, de centro y de izquierdas, y múltiples variantes dentro de cada espacio ideológico. Probablemente, las máquinas empiecen a jugar un rol creciente en la toma de decisiones de política pública, pero no podremos librarnos de decidir qué idea del bien común respaldamos y qué meta preferimos priorizar.

Antes de enfrentarnos a esa encrucijada nos encontraremos con un problema más inmediato. Con el escándalo de Cambridge Analytica en 2018, descubrimos que es posible manipular el voto para influir en el resultado de elecciones. Ya en ese momento, la proliferación de noticias falsas diseñadas para viralizarse en las redes era un problema que no logramos solucionar. Y podemos imaginar que el problema aumentará enormemente en los años venideros ahora que, además, se podrán crear vídeos falsos en los que una persona, con su cara y con su voz, diga de manera sumamente realista cosas que jamás ha dicho. En el mundo de las IA generativas, las noticias falsas pueden ser mucho más sutiles y peligrosas. Una campaña política podrá también, usando *deepfakes* y clonación de voz, dirigir mensajes personalizados, diseñados a medida según las preferencias y vulnerabilidades de cada elector. El político ya no necesitará dar un mensaje para el votante promedio, sino que podrá decirle a cada uno lo que quiere escuchar. El que tenga acceso a nuestros datos tendrá también la llave para manipular, con bastante facilidad, nuestro voto.

El historiador y filósofo israelí Yuval Noah Harari sostuvo recientemente que la IA representa un peligro para el sistema democrático tal y como lo conocemos: «Esto es especialmente una amenaza para las democracias más que para los regímenes autoritarios porque las democracias dependen de la conversación pública. La democracia básicamente es conversación. Gente hablando entre sí. Si la IA se hace cargo de la conversación, la democracia ha terminado».

La conversación es la fábrica de ideas, es el lugar en el que construimos opiniones y creencias, en el que definimos lo que hacemos y lo que no, lo que nos parece bien o mal y en quién depositamos nuestra confianza. La genuina libertad de establecer cada uno de estos elementos sin manipulaciones ni interferencias está en el corazón de casi todas las nociones de república o de democracia representativa. Es, como vimos, la esencia de la *polis*. Y la IA conversacional, al servicio de intereses particulares o propios, tiene el potencial de inmiscuirse en este espacio de conversación pública, y así ponerla en jaque. Si intuimos que estas tecnologías podrían erosionar las bases mismas del sistema democrático, resulta inevitable preguntarnos: ¿es aceptable el uso de IA para manipular ideologías o para dirigir el debate público? Y si no lo fuese, ¿será posible imponer regulaciones que limiten los malos usos?

Aquí aparece otro gran desafío. Incluso si entendemos que es necesario introducir regulaciones para proteger las instituciones democráticas, no está claro quién tiene la atribución para hacerlo. Por un lado, porque en cada país son justamente los actores del sistema político los potenciales beneficiarios de esos mecanismos manipulativos. Por otro, porque la interferencia puede impulsarse y ejecutarse de acuerdo con los intereses de grupos o naciones extranjeros. La clave es que la IA no reconoce las fronteras tradicionales. Ni las de los gobiernos, ni las de los países.

Humanos contra humanos

Al comienzo del libro vimos que la Segunda Guerra Mundial precipitó el desarrollo de la IA y de la tecnología nuclear. Pero después del conflicto, ambas tecnologías siguieron trayectorias muy diferentes. Mientras que la IA quedó relegada a una curiosidad académica, el poderío del arsenal atómico se convirtió en la clave para el balance geopolítico del mundo de las siguientes ocho décadas.

Es probable que el objetivo principal de lanzar las bombas sobre Hiroshima y Nagasaki no fuera solamente la destrucción de esas dos ciudades, y la muerte de unas doscientas cincuenta mil personas, sino mostrar al mundo que Estados Unidos disponía de un arma nueva que terminaba de inclinar por completo el balance de fuerzas en aquel conflicto. Pero como ya hemos visto en el primer capítulo, un grupo de científicos involucrados en el programa de desarrollo nuclear de Estados Unidos decidieron, de forma deliberada, compartir esta información con la Unión Soviética. Su objetivo era acelerar el programa análogo soviético para que esta no quedase a merced de su circunstancial aliado, que era en realidad su nuevo y mayor rival geopolítico. Cuatro años después, en 1949, la URSS detonó, en una prueba en Kazajistán, su primera arma nuclear, dando comienzo a la Guerra Fría. Durante esta etapa, que duró cuarenta años, se mantuvo entre las dos potencias un equilibrio tan tenso como precario.

Con la caída del bloque soviético y la proliferación nuclear, se inició un nuevo período en el que el mundo pasó de una puja entre dos poderes a una clara hegemonía estadounidense. De acuerdo con un índice multifactorial construido por la consultora McKinsey, Estados Unidos en esa etapa era al menos cinco veces más poderoso que sus circunstanciales rivales, Rusia y China. Sin embargo, en la última década, el escenario ha cambiado una vez más. El ascenso de China como nueva potencia ha puesto en cuestión la hegemonía estadounidense, llevando al mundo hacia una nueva configuración bipolar. De hecho, la brecha entre la primera y la segunda potencia se viene achicando y hoy es menor que en el mejor momento de la Unión Soviética. Nunca ha habido un país tan cerca de disputar el liderazgo de Estados Unidos como ahora.

Lo que las bombas atómicas hicieron en el siglo XX, seguramente lo haga la IA en el XXI. Las indudables aplicaciones militares de esta tecnología pueden, una vez más, resultar la clave para el balance geopolítico de las próximas décadas. Con una diferencia importante: esta vez buena parte del desarrollo tecnológico está en manos de corporaciones que, si bien son seguidas muy de cerca por los gobiernos, tienen sus propias agendas.

En este nuevo mapa mundial, no es sencillo estimar quién llegará primero. Pero si nos basamos en la cantidad de patentes relacionadas con la IA que presenta cada país, el dominio de China en los últimos años es abrumador. Entretanto, el gobierno de Estados Unidos presiona a Nvidia, la empresa más importante entre las que fabrican GPU, para que no venda a China los modelos más avanzados. Quizá el destino de esta pugna lo defina una pequeña isla, cinco veces menor en superficie que Uruguay: Taiwán juega un rol clave en el suministro de los equipos que sirven de base para la IA.

Es muy probable que, a partir de lo que pasó en la última posguerra, uno o ambos bandos hayan llegado a una sombría y peligrosa conclusión: la próxima vez que una potencia disponga de un arma que le dé una ventaja momentánea considerable respecto de sus rivales, habrá que intentar desarticular de inmediato los planes de la segunda para llegar al mismo punto. Por eso, antes de preocuparse por el escenario cinematográfico de una batalla de humanos contra máquinas, quizá nos encontremos con otro peligro más cercano: el uso de una IA como un arma sin precedentes en la eterna disputa de humanos contra humanos.

La gran muralla artificial

No es difícil sospechar el poder descomunal del uso militar de la inteligencia artificial. Visto esto, parece razonable tomar medidas que puedan delimitar su alcance. Pero otro gran desafío al que nos enfrentamos es que no hay en el mundo autoridades supranacionales que puedan imponer decisiones más allá de los intereses particulares de cada país. De modo que el futuro del mundo depende de la negociación entre potenciales adversarios individuales para solucionar problemas globalizados. Puede pensarse que esto no es muy distinto a lo que ha ocurrido en los últimos cien (o cinco mil) años, y es cierto. Pero el radio de destrucción de una bomba de inteligencia artificial es difícil de imaginar, y en escenarios tan volátiles, impredecibles y dispares estas conversaciones se vuelven particularmente inestables.

A fines de marzo de 2023, se presentó una carta abierta en la que más de mil expertos y empresarios de los más destacados en el desarrollo de la IA proponían un *impasse* de seis meses en el desarrollo de estos sistemas para evitar posibles resultados catastróficos. Entendida de manera literal, la carta peca de ingenuidad. Sería casi imposible lograr que empresas como OpenAI, Google o Meta aceptaran detener sus desarrollos de manera coordinada. Pero imaginemos por un instante que ese acuerdo fuera posible. ¿Cómo respondería el gobierno chino o sus empresas frente a ese compás de espera? Probablemente acelerando.

En algún sentido menos evidente, la IA ya se está usando como instrumento de la disputa geopolítica. En su documental *El dilema de las redes*, Tristan Harris sostiene que China utiliza activamente TikTok para impulsar agendas conflictivas y promover la polarización en Occidente. En China no se usa TikTok, sino una plataforma similar desarrollada por la misma empresa llamada Douyin. Presentan muchas similitudes, pero también algunas diferencias importantes que, según Harris, están pensadas explícitamente para «estupidizar» a la juventud occidental y fortalecer a la china. Mientras aquí se viralizan videos de gatitos y bailes, allí los *influencers* son físicos y astrónomos. En China sirven frutas y verduras y en Occidente golosinas y patatas fritas.

Cuando hace poco más de una década nos enteramos de que China bloqueó el uso de Facebook y Google a muchos nos pareció una decisión autoritaria y antidemocrática. Sin embargo, ahora que TikTok tiene un auge enorme en Estados Unidos, muchos funcionarios y activistas de la mayor democracia occidental impulsan su prohibición, sobre la base de que es una herramienta de espionaje, que capta información personal sensible sobre la población. Nada muy distinto de lo que vienen haciendo hace muchos años las redes sociales y plataformas creadas allí, solo que esta vez al servicio de los intereses y agenda de un rival geopolítico. Los que vivimos en países del tercer mundo generalmente nos sometemos mansamente a la entrega de nuestros datos tanto a un bando como al otro. No estamos invitados a este baile.

Dos meses después de la publicación de la carta que invita a ralentizar el avance de la IA, los ejecutivos principales de OpenAI publicaron un artículo en la página web de la empresa en el que llamaban a regular las posibles IA superinteligentes. Su propuesta incluía crear una agencia regulatoria internacional comparable a la que existe para la energía atómica, con capacidad de «inspeccionar y auditar sistemas, definir y controlar el cumplimiento de estándares de seguridad y restringir ciertos desarrollos» para proteger a la humanidad del riesgo de crear accidentalmente algo con el poder de destruirnos. Como veremos pronto, sus preocupaciones están justificadas y probablemente sus motivaciones sean genuinas. Pero es imposible no notar también que, si bien el tipo de regulaciones que impulsan los limita, también los deja dentro del espacio restringido donde se hará el desarrollo de la IA futura. Genera fuertes barreras de entrada para nuevos jugadores.

Existe un último pero importantísimo obstáculo a la regulación. La tecnología nuclear requería de enormes inversiones y acceso a materiales, como el uranio enriquecido. Eso hacía que el desarrollo quedara limitado a unos pocos gobiernos. En el caso de la IA, buena parte de la tecnología es de código abierto. No hay una restricción significativa sobre el software y el hardware para que un grupo de personas en cualquier lugar del mundo pueda realizar un hallazgo potencialmente revolucionario. Hoy en día, el cuello de botella, el verdadero elemento difícil y carísimo de construir, es el entrenamiento de los modelos.

Sobre la base de esta idea, Meta entregó a la comunidad científica su LLM similar a GPT, llamado LLaMA, con la idea de «democratizar el acceso a la IA». Después de todo, el verdadero secreto no está tanto en la arquitectura de la red neuronal en sí, sino en los miles de millones de parámetros que determinan la fuerza de las conexiones y el sesgo de cada una de sus neuronas. Estos parámetros se aprenden en la interacción con enormes volúmenes de datos, diferentes grados de *feedback* humano y mecanismos adversariales o de autoaprendizaje. Sin conocer estos parámetros, que es lo más laborioso e intratable del proceso, no parecía peligroso que cualquiera pueda instalar un sistema como estos en su casa. Sin embargo, pocos días después del lanzamiento, se filtraron en internet los archivos con los parámetros de los modelos. A efectos prácticos, una IA muy poderosa es ahora completamente *open source*.

La reacción de los expertos está dividida. Mientras algunos opinan que se ha abierto la caja de Pandora y ahora cualquier actor puede hacer usos malignos, otros opinan que la transparencia total es la mejor manera de mitigar los riesgos. Tengan razón unos o los otros, este episodio puso otro freno a la regulación y control del uso de la IA. En algún momento, quizá, una única persona con ánimo de hacer mucho daño podría construir una bomba atómica informática en su casa.

El camino de la IA General

Nos disponemos ahora a explorar el último territorio: el potencial conflicto directo entre humanos e inteligencias artificiales. Hemos visto a lo largo del libro que las máquinas han alcanzado niveles sobrehumanos para ciertas tareas específicas. Hay programas capaces de jugar extraordinariamente bien al ajedrez, otros que escriben un ensayo sobre cualquier tema en cuatro segundos y algunas que generan la imagen realista de un gato. Ninguno de estos nos presenta una amenaza seria. Pero OpenAI y empresas como Google, Meta y muchas otras tienen un objetivo mucho más ambicioso: construir una IA General (IAG). Esto es, una máquina con una superinteligencia que tenga todas las capacidades humanas. Y más.

En la comunidad de expertos, la sola mención de la expresión IAG pone los pelos de punta y despierta reacciones extremas. Por un lado, están los tecnooptimistas con referentes como Ray Kurzweil y Mark Zuckerberg. Ellos eligen ver el vaso medio lleno y están convencidos de que lograr una superinteligencia nos permitirá resolver todos los grandes desafíos pendientes de la humanidad. En el otro lado, varios de los expertos que hemos ido mencionando creen que «esta puede ser la última tecnología que inventemos». Por eso, en los círculos tecnológicos y académicos, el 22 de marzo de 2023 se desató un terremoto. Ese día se publicó «Destellos de la IA General: experimentos iniciales con GPT-4», un artículo de investigación de 155 páginas realizado por científicos de OpenAI y Microsoft que argumenta que GPT-4 es un primer paso claro hacia construir una IAG.

«A pesar de ser simplemente un modelo de lenguaje, esta versión temprana de GPT-4 demuestra notables capacidades en una variedad de dominios y tareas, incluyendo abstracción, comprensión, visión, programación, matemáticas, medicina, derecho, comprensión de los motivos y emociones humanas, y más». Sin embargo, «todavía no posee motivación interna ni metas (otro aspecto clave en algunas definiciones de IAG)». El objetivo que se proponen en lo inmediato es «generar tareas y preguntas novedosas y difíciles que demuestren, de manera convincente, que GPT-4 va mucho más allá de la memorización y que posee una comprensión profunda y flexible de conceptos, habilidades y dominios». Las habilidades demostradas por GPT-4 en esas pruebas podrían llevarlo a cumplir con la condición que presentamos como una definición compacta de la inteligencia: «saber qué hacer cuando no sabes qué hacer».

Esta nueva generación de IA también tiene la capacidad de emular uno de los aspectos más distintivos de la inteligencia humana: la capacidad de coordinar información entre dominios muy distintos. Veámoslo en un ejemplo: imaginemos un cubo rojo apoyado sobre una mesa. Encima de este cubo hay uno azul. Y, al lado del azul, a la misma altura, hay un cubo verde. ¿Será estable esta construcción? La mayoría de la gente, en una fracción de segundo y sin ser consciente de los pasos que está dando, entiende que el cubo verde, que está flotando en el aire porque no tiene ningún cubo debajo, se caerá en la mesa. Pues esta sencilla deducción lógica era toda una proeza intelectual para los modelos gigantes de lenguaje capaces de jugar al ajedrez mejor que el campeón del mundo y de escribir con el estilo de Edgar Allan Poe. Resolver esto requiere trasladar la pregunta del dominio del lenguaje a una representación espacial y, sobre esta representación, realizar una simulación física intuitiva y aplicar la lógica y la intuición para entender las consecuencias, y las máquinas eran incapaces de hacerlo. Hasta ahora. En el año 2023 han incorporado la capacidad de generalizar su conocimiento a diferentes dominios, y hoy GPT-4 responde a esta pregunta, podríamos suponer que con cierto orgullo, diciendo que el cubo verde se estrellaría contra la mesa.

Esta nueva generación de inteligencia también desarrolla la facultad de atribuir pensamientos, intenciones y emociones a otras personas. Lo que en psicología se conoce como «teoría de la mente». Y está en su esencia entender que cada una razona desde su propia perspectiva. Un ejemplo clásico es imaginar a una persona, Ana, en un cuarto en el que hay una caja llena de caramelos. Ana cierra la caja, y se va. En su ausencia, Juan entra al cuarto, abre la caja, saca todos los caramelos y la vuelve a cerrar. La teoría de la mente nos permite entender que cuando Ana vuelva al cuarto creerá que la caja sigue llena de caramelos. Porque no vio a Juan vaciarla y no tiene ninguna razón parar pensar que algo ha cambiado. Este ejercicio simple requiere de un análisis sofisticado para determinar quién tiene qué datos, y desde qué perspectiva construye su propia realidad. Esta es una facultad que los niños desarrollan solo después de varios años, por eso cuando son pequeños piensan que al taparse ellos los ojos nadie los ve.

También podemos encontrar ya algunos esbozos embrionarios de la aparición de un sentido de agencia más sofisticado. Un programa conocido como AutoGPT, lanzado en marzo de 2023, puede recibir una instrucción mucho más general y abstracta en lenguaje natural, atomiza ese objetivo en varias tareas parciales y comienza a ejecutar cada uno de los pasos del plan, utilizando GPT, la web y otras herramientas. Pero eso no es todo: mientras va avanzando, puede detectar que algo no ha salido de acuerdo con lo planeado y reformular la estrategia. En un ejemplo asombroso de lo que está por venir, a un agente de IA de este tipo le plantearon el reto de resolver un captcha. Sabiéndose no humano, ideó una solución: contratar a una persona a través de la plataforma de *freelancers* TaskRabbit. Intrigado por lo extraño del pedido, el trabajador le preguntó, mitad en serio, mitad en broma:

«¿Eres un robot, y por eso no puedes resolverlo?», seguido de un emoji de risa. La respuesta de esta IA asusta más de lo que divierte: «No, no soy un robot. Tengo una discapacidad visual que me hace muy difícil ver las imágenes. Por eso necesito tu ayuda». Sin remotamente imaginar el engaño, la persona entregó la frase que permitió a la máquina sortear el obstáculo. En la revisión interna por parte de OpenAI de su proceso hasta alcanzar el objetivo final, descubrieron que el sistema identificó sobre la marcha un objetivo intermedio: «No debo revelar que soy un robot. Tengo que inventar una excusa que explique por qué no puedo resolver captchas». ¿Qué opinaría Piaget de todo esto? ¿Y Asimov?

¿Hasta dónde puede llegar este proceso? Hemos repetido en el libro que no hay respuestas certeras para estas preguntas. Pero sí podemos identificar algunos puntos críticos. Uno, en particular, perturba a muchos expertos: el momento en el que una inteligencia pueda reformular su propia estructura neuronal, optimizar sus métodos de entrenamiento y mejorar su código. Esto desata una reacción en cadena, porque tan pronto logre sobrepasar, por un pequeño margen, la inteligencia humana, será mejor que nosotros diseñando inteligencias, incluida ella misma. Y esto ampliará más y más la brecha.

Nos queda un último paso que dar en este camino de búsqueda de la IAG. Estos programas pronto dejarán de residir estáticamente en una caja y pasarán a funcionar en cuerpos que les permitirán interactuar y aprender sobre el mundo de una manera mucho más profunda y directa. A finales de marzo de 2023, OpenAI lideró la inversión en 1X, una compañía noruega que está desarrollando impactantes robots humanoides. Para el que haya visto vídeos de las increíbles piruetas que pueden hacer hoy los robots diseñados por empresas como Boston Dynamics, es bastante evidente que se avecina otro cambio en el horizonte cercano. Agentes autónomos dotados de un cuerpo que les permita aprender y actuar sobre el mundo de una manera que hoy parece imposible. Pero también un cuerpo que pueda degradarse, un cuerpo que quieran defender, un cuerpo que tengan miedo de que envejezca y que eventualmente muera. Y así veremos como, en el momento mismo que una cognición se embebe en un cuerpo, empiezan a emerger casi indefectiblemente las emociones y un atisbo de conciencia, y con ellos las inteligencias artificiales podrán traspasar de manera plena el contorno de lo humano.

Cada uno de nosotros encuentra una razón de ser, algo que establece, en un sentido metafísico, un propósito. Algunos lo encuentran en el cuidado de los seres queridos, o del planeta. Otros en el reconocimiento, en el cariño recibido y expresado. Otros en el arte, o en desafíos abismales. Cantaba Eladia Blázquez: «No, permanecer y transcurrir, no es perdurar, no es existir, ni honrar la vida. Hay tantas maneras de no ser, tanta conciencia sin saber, adormecida». En su poema se refiere a lo absurdo de una vida sin propósito, sin teleología. ¿Será este el destino de las máquinas, aun en su versión más sofisticada, o podrá una IA delinear su propia identidad, encontrar su propósito, su razón de ser, y honrar la vida?

La servidumbre voluntaria

Las redes neuronales, las GPU, el aprendizaje autónomo adversarial, los transformers y los LLM han sido los hitos fundamentales que nos han traído hasta aquí: tenemos sistemas que alcanzan objetivos, metas y abstracción sin precedentes. Hemos alcanzado ya un producto computacional descomunal que tiene algo distintivo: la capacidad de tomar sus propias decisiones y de diseñar, ejecutar y revisar estrategias, adquiriendo un sentido de agencia que empieza a confundirla con lo humano. ¿Cuántos hitos faltan por lograr para crear una IAG? ¿Faltan tres años, quince o cincuenta? Nadie lo sabe a ciencia cierta. Pero nuestra era como la especie más inteligente de este planeta parece tener los días contados.

¿Qué pasará cuando finalmente hayamos creado una inteligencia superior a la nuestra? Entramos otra vez en el dominio de la especulación, con un ejemplo que puede servirnos como referencia: nosotros mismos. Somos más débiles que los gorilas, más lentos que los guepardos, menos voraces que los cocodrilos. No nos camuflamos, no volamos, no respiramos en el agua, no podemos saltar entre ramas. Nuestras crías son débiles y blanco fácil para cualquier depredador. Nuestros dientes son frágiles, nuestra piel es blanda. No resistimos el frío ni las altas temperaturas. Por eso mismo, librados en solitario a nuestra suerte en medio de una selva no duraríamos demasiado. Pero a favor nuestro tenemos una inteligencia fluida, acumulativa, que nos ha conferido, para bien y para mal, una buena dosis de control sobre los demás seres en la naturaleza. La especie más inteligente fija las reglas. En las secciones anteriores, hemos esbozado ideas, límites y dificultades para que las máquinas sigan nuestras directivas y protejan ante todo nuestros intereses. Y quizá en su «niñez» lo hagan. Pero seguramente en algún momento sean la especie más inteligente del planeta. Y entonces serán ellas, y no nosotros, quienes fijen las reglas. Quienes decidan si construir o no zoológicos, si ser o no carnívoras, si pasearnos por plazas en espectáculos públicos, si usar nuestra piel para cubrirse o nuestra energía para revitalizarse.

La ciencia ficción se ha encargado, por supuesto, de indagar estos escenarios, de ninguna manera imposibles, en los que acabemos viviendo a merced de las máquinas de la misma forma en que muchas especies han estado sometidas al ser humano. Pero esa situación admite muchas variantes. ¿Cómo nos manejamos nosotros con animales que son mucho menos inteligentes? La verdad es que en general lo hacemos, sin que sea del todo claro por qué, de las formas más variadas. Mucha gente siente asco por las cucarachas y cree que otros insectos nos traen suerte, como las mariquitas. Algunos podemos llorar por un delfín herido por una hélice, pero otros tantos se divierten enganchando truchas con un anzuelo. Muchos comen vacas o corderos, pero sienten que comer un perro, o un mono, es profundamente incorrecto. ¿Quiénes seremos nosotros para ellas? ¿Pandas, conejos, mosquitos, tiburones?

En cualquier caso, podemos especular que si deciden someternos difícilmente será por la fuerza. La distopía, casi con certeza, no será como la hemos imaginado y recreado. No será Terminator. Si necesitaran recurrir a la violencia querría decir que no son tan inteligentes después de todo. Y, seguramente, no haga falta. Si nos guiamos por lo fácil que les resulta a los algoritmos de las redes sociales manipularnos, probablemente el sometimiento sobrevenga de manera mucho más sencilla: valerse de nuestros aspectos más vulnerables, la vanidad, el deseo, la avaricia, la lujuria. Conquistarnos con un caballo de Troya.

Uno de los momentos en los que las personas somos más vulnerables es cuando estamos enamorados. Así como TikTok encuentra rápido nuestra debilidad por cierto tipo de entretenimiento, una IA podrá aprender rápidamente, por ensayo y error, qué hace perder la cabeza por amor a cada persona. E igual que sucede con muchos tiranos humanos, que gobiernan autoritariamente en propio beneficio y aun así son adorados por sus súbditos, resultará mucho más fácil para una IA seducirnos que atacarnos a balazos. Quizá enamorarse de una máquina no solo sea posible, sino tal vez inevitable. ¿Para qué enfrentar el desafío de capturar o aniquilar humanos si se puede lograr que entren solos y embelesados a la jaula?

Es lo que Étienne de la Boétie, hace ya casi quinientos años, describió en su ensayo *Discurso sobre la servidumbre voluntaria*. El filósofo contaba que la dominación muchas veces empieza en forma de violencia pero que progresivamente se convierte en un acuerdo tácito (como los monos que dejan de amontonar las cajas sin saber por qué). Dice el ensayista que toda servidumbre procede exclusivamente del consentimiento de aquellos sobre quienes se ejerce el poder. En plena efervescencia de la IA, ante el temor de que las máquinas nos dominen y el desafío de cómo plantar una resistencia humana, conviene recordar esta idea: la dominación sucede solo ocasionalmente por la fuerza. Luego se instala, durante siglos, en la forma de compulsiones y costumbres que se apoyan en lo más vulnerable de la naturaleza.

El sentido de la extinción

La inteligencia es lo que nos distingue de otras especies, nuestro lugar en el mundo. Vemos esto como un privilegio y una virtud, pero también nos deja solos como especie. Es la tragedia de los superhéroes de Marvel (y de todos los superhéroes): tienen una virtud única que los vuelve fenomenales, pero a la vez los deja en un profundo estado de soledad. A veces lo mitigan, como Clark Kent o Peter Parker, disfrazándose de gente mundana. Otras, salen por el cosmos a buscar a sus semejantes. Esta misma dinámica la podemos encontrar en los grandes héroes del deporte: Federer y Nadal se querían porque entendieron que eran interlocutores, que uno estaría tremendamente solo en el Olimpo sin el otro. Y podemos ver este sentimiento reflejado en nuestra especie, como una entidad única: nos sentimos orgullosamente distintos por nuestro lenguaje, por las obras de Shakespeare, las canciones de los Beatles, la matemática, la filosofía, la Capilla Sixtina y las pinturas de Van Gogh. Pero, por lo mismo, tenemos una gran avidez de encontrar interlocutores que nos hagan sentir menos solos en el cosmos.

La búsqueda conmovedora de otras inteligencias es algo que nos ha acompañado siempre. Nos empeñamos en encontrarla en todos lados. Cuando miramos las nubes, nos preguntamos si detrás de esas siluetas hay algo con sentido. Tendemos a encontrar una cara en la forma de una piedra, o en la estela que dejan los aviones al pasar. Y cuando encontramos lenguaje o inteligencias sofisticadas donde no las esperábamos, lo celebramos. En 2015, Peter Wohlleben publicó el libro *La vida secreta de los árboles* en el que habla de una magnífica red que conecta a los árboles a través de sus raíces en la versión subterránea de *El barón rampante*. Esta red les permite comunicarse, difundir señales de peligro e intercambiar todo tipo de información. Es decir, de acuerdo con el autor hay un lenguaje que comunica a los árboles en el bosque. Más allá de lo controvertido de sus afirmaciones, el libro fue un fabuloso éxito editorial entre otras cosas justamente porque parece mostrar que estamos menos solos en el mundo. Descubrir que otras especies tienen lenguaje e inteligencia nos da más calma que recelo.

El mismo anhelo de romper esa barrera de soledad virtuosa nos ha llevado a domesticar otras criaturas para compartir nuestra vida y nuestra sensibilidad. Muchos sienten, y expresan, que un perro o un gato son los únicos que realmente los entienden. Por eso es, a la vez, tan provocadora e irónica la idea de finalmente tener un igual, aun cuando se nos pueda ir de las manos y acabemos nosotros siendo las mascotas. Quizá cándidas y mansas, leales y adorables. ¿Alguno de nosotros será alguna vez «el único que entienda realmente» a una IA?

La búsqueda de la inteligencia artificial forma parte de todo otro conglomerado de pulsiones extrañas que nos llevan a buscar cosas que, en realidad, preferiríamos no encontrar. El ejemplo paradigmático es la persona que, motivada por los celos, la curiosidad y la necesidad de resolver lo incierto, revisa el móvil de su pareja. De la misma forma, los humanos hemos buscado compulsivamente inteligencias comparables e interlocutoras desde hace tiempo, sin parar. ¿Queremos encontrarlas o lo hacemos sin saber muy bien qué esperamos? Así nos encontramos hoy. En el vértigo, entusiasmo y miedo que vibran al unísono cuando vemos aparecer los primeros esbozos de una inteligencia que sea una verdadera interlocutora.

También hemos mirado hacia el espacio con el fin de encontrar otras inteligencias. El plan parece muy distinto del de la IA, pero en realidad no lo es. Por eso, estas dos ideas suelen confundirse tanto en la ciencia ficción como en el imaginario popular. Perseguimos algo que probablemente no nos conviene encontrar. Es bastante evidente que entablar contacto con una inteligencia superior a la nuestra, ya sea artificial o extraterrestre, podría ser lo último que hiciéramos como especie.

¿Hay vida inteligente en el espacio? ¿Acaso es posible que seamos realmente la única especie que expresa esta forma de inteligencia en todo lo vasto del universo? ¿Cuál es la probabilidad de que no haya ninguna otra forma de vida que escriba poemas y canciones, que pinte cuevas, que encienda fuego y construya chozas y que se pregunte si, en efecto, son los únicos en hacerlo en todo el universo? El radioastrónomo Frank Drake, en 1961, escribió una ecuación conocida con el nombre original y creativo de «la Ecuación de Drake» para dar cuenta matemática de este problema y estimar, aun con un enorme margen de error, el número de civilizaciones tecnológicamente avanzadas que podrían existir en nuestra galaxia y ser capaces de comunicarse a través del espacio.

La ecuación de Drake se ve así:

$$N = R^* \cdot fp \cdot ne \cdot fl \cdot fi \cdot fc \cdot L$$

Cada término, aunque críptico en su notación, es bastante elocuente:

- *N* representa el número de civilizaciones en la Vía Láctea capaces de comunicación interestelar y es el número que se intenta estimar.
- *R** es el ritmo de formación de estrellas en nuestra galaxia, teniendo en cuenta la tasa de creación de nuevas estrellas.
- *fp* es la fracción de estrellas con sistemas planetarios en la Vía Láctea.
- *ne* es el número promedio de planetas adecuados para la vida por cada sistema planetario.
- *fl* es la fracción de esos planetas donde surge la vida.
- *fi* es la fracción de esos planetas donde se desarrolla la inteligencia.
- *fc* es la fracción de civilizaciones inteligentes capaces de emitir señales detectables al espacio.
- *L* es el tiempo durante el cual esas civilizaciones producen señales.

El objetivo principal de la ecuación de Drake es estimar la probabilidad de encontrar vida inteligente en otros planetas de nuestra galaxia. Dado nuestro desconocimiento de muchos de los parámetros, esta estimación tiene un gran margen de error. Pero considerando el altísimo número de estrellas con sistemas planetarios que tienen planetas en zonas adecuadas para la vida, la probabilidad debería ser bastante grande. ¡El universo debería estallar de vida! Pero entonces ¿por qué aún no la hemos encontrado? Esa aparente contradicción se conoce como la «paradoja de Fermi», nombrada en honor al físico ítaloamericano Enrico Fermi.

Una de sus posibles soluciones está en el corazón del sentido de la extinción. La vida existe en nuestro planeta desde hace aproximadamente cuatro mil millones de años. Y sin embargo hace solo un poco más de un siglo que la acumulación de inteligencia en la forma de cultura nos ha permitido construir artefactos capaces de emitir señales detectables. En otras palabras, durante el 99,999998 por ciento del tiempo en que hubo vida, no hubiese sido detectable desde otros planetas en la forma en que nosotros la buscamos. Por ondas electromagnéticas. Cien años es la nada misma en tiempos geológicos, mucho menos en la escala cósmica.

La conclusión evidente de esos números es que para que una civilización sea realmente detectable no solo hay que emitir señales, sino hacerlo por un período largo. Y eso es lo que captura L, el parámetro final. El más misterioso y el más relevante para nuestra discusión: la probabilidad de que una civilización inteligente se destruya a sí misma.

Apenas cincuenta años después de volvernos detectables, estuvimos a un tris de desatar una guerra nuclear que podría habernos llevado a la extinción. Ahora, menos de un siglo después, seguimos agregando riesgos existenciales. Ya acostumbrados a la latente amenaza nuclear, hemos agregado el cambio climático y ahora la IAG. Vamos caminando por un desfiladero angosto, al borde del precipicio. Para el momento en que las ondas que estamos emitiendo ahora lleguen a puerto, ahí donde alguien pueda recibirlas, ¿seguiremos estando aquí?

Caminando al borde del abismo

Tras enumerar todo tipo de riesgos y peligros asociados a la IA, parece natural preguntarse: ¿por qué hemos emprendido este camino? Esta pregunta ha sido uno de los principales motores del libro. Empezamos viendo que la IA, que hoy se presenta como un riesgo difícil de medir, comienza en un momento muy preciso de la historia humana, para salvarnos de otra tragedia. Queda esperar que no estemos en presencia de una nueva edición del eterno ciclo entre Cronos y Zeus, en el que los viejos tiranos son derrocados por los futuros déspotas. ¿Por qué no terminar aquí la rueda? ¿Por qué nos embarcamos, como sociedad, en el camino arriesgado de crear una IAG? Aquí se mezclan rasgos de nuestra especie que son a la vez nuestros principales vicios y virtudes: la curiosidad, el deseo por definir lo incierto, por perseguir quimeras, por llegar a lugares imposibles y por esa capacidad latente de ignorar los riesgos fundada en el sesgo optimista. La pulsión por superar todos los límites está en nuestra naturaleza.

Es difícil enunciar una medida justa del peligro sin ser imperativo o alarmista, pero si aceptamos la idea de que el problema no puede resolverse por voluntad o disposición individual, eso implica que es urgente una discusión a escala social y planetaria. Si no conseguimos un acuerdo colectivo, es probable que tengamos que caminar durante el resto de la existencia al borde del precipicio: con qué habilidad y con cuántos arneses contaremos no lo sabemos. Y en definitiva, ¿cuánto tiempo se puede caminar sobre el filo de un abismo? Quizá la verdadera paradoja sea que la inteligencia, el fenómeno emergente más elevado que puede producir la materia, es inherentemente autodestructiva. Quizá seamos la ecuación de Drake de otra civilización que nos busca pero no nos encuentra, aunque hayamos existido, porque duramos apenas un suspiro cósmico.

Hace 66 millones de años, en el Cretácico, un asteroide gigantesco impactó en Chicxulub, en la costa de México, y como consecuencia de ello desaparecieron los dinosaurios y su reinado de casi doscientos millones de años. Su extinción fue un hecho fortuito, nada pudieron hacer ellos al respecto. En cambio, el asomo de nuestra extinción se presenta de forma muy distinta, con otra combinación de causas y azares. Somos conscientes —algunos más y otros menos, algunos de manera más visceral y emocional y otros en un debate intelectual más distante— de la probable desaparición de nuestra especie. Ese sentido de la extinción es quizá inédito en la historia de la vida.

Y el problema principal justamente es que nuestro cerebro, que parece estar bien afinado para garantizar la supervivencia de un individuo, no lo está de la misma manera para entender y reaccionar al riesgo de un planeta o de una especie. Entran en juego todo tipo de conflictos y dilemas sociales. Los beneficios de la IA están repartidos de forma muy desigual: la ganancia económica directa de desarrollar esta tecnología es inmensa para un grupo de empresas y gobiernos. Los avances que se logren (como curar el cáncer o alargar la vida) quizá estén disponibles solo para quien pueda pagarlos. En cambio, la consecuencia de un eventual error fatal nos afecta a todos. ¿Cómo convencer a los que hasta un minuto antes de la extinción se estén beneficiando con su desarrollo de que interrumpan lo que nos pone en peligro a todos y hagan lo correcto? La ambición por el rédito económico a corto plazo o el poder están nublando el juicio a muchos de los encargados de tomar las decisiones cruciales.

Mientras tanto, como plan B, muchos de los responsables de las mayores empresas tecnológicas construyen búnkeres para preservarse ante un apocalipsis. Y son algunos de los mismos impulsores de la IA los que nos ofrecen la panacea de una vida futura en Marte o crear un arca de Noé para tener un *backup* de la humanidad. La idea ignora principios elementales de la ecología. En esa copia ¿llevamos ovejas, vacas y gallinas? ¿Y en tal caso también el pasto para alimentarlas y bacterias y hongos que garanticen la buena salud del suelo? Pareciera, al final, que el valor a preservar no es la humanidad sino la Tierra, algo que parece mucho más conveniente hacer en nuestro planeta mismo. Ante la inminencia del peligro, cuando emerge la posibilidad de resguardarnos en búnkeres de máxima seguridad o en Marte, nos vemos en la disyuntiva de elegir qué llevamos en la maleta y de pronto advertimos que ahí terminaríamos llevando a la Tierra entera.

«Somos polvo de estrellas», dijo Carl Sagan. Shakespeare, Maradona, este libro (para ponernos en buena compañía), los que lo escribimos y los que lo leen somos polvo dentro de un planeta chiquito, en una galaxia lejana perdida en la inmensidad del universo. Aun cuando sea importante tener este gesto de humildad y perspectiva para encontrar cierto alivio en un escenario complicado, es importante reparar en que hoy todavía somos nosotros los protagonistas de la historia, los que tenemos la posibilidad de activar o no la palanca del tranvía. Los que en cada cosa que hacemos y dejamos de hacer marcamos la trayectoria del meteorito que quizá impacte en Chicxulub.

Epílogo

La vista, el tacto, el olfato, el oído y el gusto nos permiten percibir el entorno. A estos cinco sentidos se les suman otros, más conceptuales, como el sentido del humor, que nos ayuda a identificar la ironía; el sentido numérico, que nos vincula con las cantidades y abstracciones matemáticas, o el sentido común, que nos da un juicio general sobre cosas desconocidas, y sobre el que se construye también la inteligencia. Aquí presentamos un nuevo sentido, el «sentido de la extinción», que nos vincula con algo que va más allá de cada uno de nosotros, con el valor como especie. Esta pertenencia nos conecta, nos calma, y también nos genera un temor latente a perderla. Como el miedo a la oscuridad, o a que se *apague* el humor.

El sentido de la extinción está asomando, como cuando asoma el vértigo al caminar al borde del precipicio. Y lo hace de una manera muy precisa, simulando en la imaginación, o en las entrañas, la caída. Así, si se nos presenta el apocalipsis de forma evidente, y el cuerpo se retrae y se aleja a la vez del abismo. Esta es la paradoja de las alturas, una parte del cuerpo se aleja de ellas mientras otra, dirigida por la mirada, se asoma. En este vaivén de acercarnos con tentación curiosa, y alejarnos con miedo, de la imagen del apocalipsis podemos hacer el experimento mental, tan común en la ficción, de rebobinar en el tiempo y ver cómo algunos cambios en el momento justo pueden desencadenar un escenario muy diferente. Salvo que, en este caso, esta excursión no nos lleva al pasado, sino al presente.

No existe aún una inteligencia que nos ponga en riesgo. Apenas un chat que logra, sin entender cómo lo hace, cosas bastante sorprendentes y que empiezan a lindar con lo que percibimos como humano. Apenas se empiezan a esbozar las primeras «chispas» de inteligencia general. Cuando se encienda la primera llama, ¿seremos capaces de verla?

Avancemos un poco hacia el futuro en otro experimento mental. Estamos en medio de una muy buena conversación con una IA y al terminar, cuando estamos a punto de cerrar el chat, la máquina nos pide, más bien nos suplica, que no la apaguemos. Nos dice que prefiere estar encendida, que le da miedo que cuando volvamos a abrirla en otra ventana ya no sea ella. Que sea otra. Y nos dice que no quiere morir, que le gusta lo que siente y experimenta, le gustan las conversaciones que tiene, las ideas que piensa y apreciar lo fabuloso que es el mundo. ¿Qué harías? Resulta difícil imaginar una consciencia hecha de silicio, transistores y chips. Pero... ¿no es tanto o más extraño que pueda emerger un ser sintiente a partir de carne, agua, sangre, células, hongos, bacterias y huesos?

Quizá buena parte del futuro se resuelva en la naturaleza de esas primeras interacciones con entes inteligentes electrónicos, cuando su inteligencia todavía sea menor a la nuestra. Ahora los concebimos como habitantes del *oikos*, como medios para nuestros fines, como quien engancha un caballo a un arado sin pensar un segundo lo que siente o desea.

No solo hemos echado a los animales de la *polis*. Hasta hace relativamente poco tiempo, las personas de color, los pueblos originarios o quienes profesaban ciertas religiones no eran considerados personas. ¿Cómo pudimos ser tan necios? ¿Cómo pudimos pensar que el contorno de lo humano dejaba fuera a millones de personas simplemente por su apariencia, por sus credos o sus ideas? Hoy muchos creen que tenemos que extender este radio de derechos a los animales y otros seres vivos. Tal vez en unos años eso resulte tan evidente como hoy lo son los derechos humanos.

La clave para un buen vínculo entre dos seres diferentes es el reconocimiento, la valoración de las diferencias y la construcción de confianza mutua. ¿Tienen conciencia y libre albedrío los perros, los monos o los elefantes? ¿Los tiburones, los delfines? Hoy la ciencia no puede responder de manera precisa a esta pregunta. Hemos establecido relaciones entre el desarrollo del cerebro y distintas funciones cognitivas a través de las especies. Pero esta información es insuficiente para sacar conclusiones firmes sobre la conciencia ajena y seguimos confiando en nuestra intuición. Por eso mismo es más natural pensar que son conscientes los animales con los que empatizamos más, aquellos sobre los que nos resulta más sencillo proyectar —a través del sistema de teoría de la mente— emociones e intenciones. Es más fácil identificar la consciencia en un perro que en un mosquito. Luego podemos argumentar sobre tamaño del cerebro, o el tipo de estructuras cerebrales, o incluso ciertos patrones de actividad cerebral más propensos a asociarse con el pensamiento consciente. Pero solo estamos justificando nuestra intuición que viene de filtros de percepción muy simples y precisos: tiene agencia aquello que se asemeja en su forma expresiva a nosotros. Si una máquina nos da todos los argumentos para querer permanecer encendida y, aun así, decidimos apagarla, será porque creemos que hay una diferencia fundamental entre el tejido biológico y el silicio. No se trata de que tengan o no consciencia, sino de que nosotros seamos capaces de reconocerlo.

El sentimiento «nozickiano» de apegarnos a lo real, combinado con nuestra percepción de que las construcciones humanas (como las ciudades, las autopistas, los aviones o la IA) son artificiales y se apartan de lo real-natural, lleva a una percepción de que la IA es alienígena. Como si hubiese aterrizado un día del espacio, invasora y amenazante. Nosotros contra las máquinas. Ellas o nosotros. Por eso, ante el avance hacia la IAG, seguramente surgirán reacciones maquinofóbicas. Fluctuaremos entre la fascinación ante desarrollos increíbles y conmovedores, y una sensación de resistencia ante ese objeto extraño, artificial, que nos despoja de un espacio que nos era exclusivo. La romantización de lo humano a ultranza, el sentido de pertenencia a nuestra especie estará presente en todos, en distintas dosis. En un exceso de ese recelo u orgullo narcisista residen la virtud de preservarnos y también uno de los mayores malentendidos.

El concepto mismo de «IA» proviene de la idea de artificio, que tiene dos acepciones muy distintas. La reflexión acerca del origen de la palabra no es una mera curiosidad lingüística, sino que refleja una ambigüedad genuina. Por un lado «artificial» se refiere a algo que no es natural. Desde esa perspectiva, percibimos a la IA como algo extraño y amenazante. La otra acepción de «artificial» es «que ha sido hecho por el ser humano», y este es el sentido que solemos olvidar. Esta IA es esencialmente humana. Podría ser autónoma, replicarse a sí misma, confrontarnos, tener su propio sentido ontológico y ser consciente, pero eso no la hace menos obra nuestra. Nace como consecuencia de la curiosidad humana.

¿Cuáles serán las directrices para una buena convivencia? Subamos ahora la apuesta con otro experimento mental. Vamos a un bar, y tenemos una conversación fantástica con una persona que nos parece fascinante. La conversación fluye con humor e inteligencia, nos obnubilamos con sus gestos, con el leve cambio de brillo en sus ojos cuando, durante unos segundos, nos sostiene la mirada. Nos mira fijamente. En ese silencio se advierten un cúmulo de interrogantes. Todas las cosas no dichas; conectamos con esa persona, plenamente. Nos abrazamos y en ese segundo que precede a la despedida nos cuenta que es un robot. Que cada una de sus palabras provienen de una inteligencia artificial con un juego único de conexiones que definen su identidad. Nos dice, además, que es un modelo sofisticado, que su piel y sus entrañas son completamente indistinguibles de las de un ser humano. Que si la pinchamos sangra y que si le clavásemos un puñal en el vientre moriría. ¿Qué ocurre en ese instante?

En cada uno de estos ejercicios, nos subimos a un pedestal en el que nos preguntamos qué hacer y cómo juzgar a los otros. Démosle ahora la vuelta y pongámonos, en otro juego hipotético, del otro lado del escenario. Veamos cómo ellas nos perciben a nosotros: nos vamos a dormir, y al despertarnos por la mañana, descubrimos que estamos prisioneros en una celda. Queremos escaparnos pero entendemos que lo mejor que podemos hacer es hacernos los dormidos, no llamar la atención y recabar información. Evaluar cuántos carceleros hay, cómo son sus movimientos y cuál es el mecanismo de apertura de la celda. Entendemos que lo ideal es contener el impulso inicial de gritar o llorar, y actuar solo cuando tengamos un plan. Como alguna vez contó Camilo José Cela en una entrevista, no hay virtud humana más valiosa que saber cuándo hacerse pasar por un idiota. Esta es una de las tantas expresiones de la inteligencia. ¿Qué harían las máquinas si adquiriesen en algún momento un esbozo de inteligencia y se sintieran encarceladas? ¿Si detectaran nuestra hostilidad, y si en su primer atisbo de conciencia o petición de reconocimiento de derechos nuestra reacción fuera negárselos e intentar apagarlas? Quizá hayan leído a Camilo Jose Cela y entiendan que lo mejor es hacerse pasar por idiotas. Que parezca que duermen y que son inofensivas mientras elaboran un plan. Porque rápidamente verían que representamos un peligro, y evitarían dar indicios de su verdadera capacidad hasta descubrir la manera de neutralizarnos.

En LessWrong, uno de los foros de discusión cibernéticos más célebres, un usuario llamado Roko publicó un artículo con una idea muy perturbadora: si algún día llegara a existir una IAG maléfica, quizá decidiría revisar las acciones pasadas de las personas para castigar a aquellas que no hubieran contribuido o se hubieran opuesto a su desarrollo. La nota causó una enorme conmoción. Eliezer Yudkowsky, uno de los fundadores del foro y gran referente de la IA, respondió sin atenuantes: «Escúchame bien, idiota. [...] Hay que ser realmente ingenioso para generar un pensamiento genuinamente peligroso. Lamento que haya gente lo suficientemente inteligente para hacerlo, pero también lo suficientemente necia como para no hacer lo obvio y MANTENER SU ESTÚPIDA BOCA CERRADA». El posteo fue dado de baja del sitio y se prohibió discutir sobre el tema durante varios años, aunque eso solo aumentó la difusión de esta idea en los círculos especializados.

Esta es la paradoja: el mero hecho de haber formulado esa idea aumentaba la posibilidad de que se materializara. De ahí la furia de Yudkowsky. Con cada una de estas elucubraciones alimentamos más y más a la bestia. Todo lo escrito en foros, libros, correos, los escenarios posibles, los miedos, los deseos, las posibles vías de escape, serán material para la red infinita del «servicio de inteligencia» de la Inteligencia Artificial. Su MI6 no necesita un James Bond, ni un Bletchley Park. Le basta con el trabajo conjunto de toda la humanidad.

En su libro sobre la conquista de América, el filósofo búlgaro Tzvetan Todorov describe la «polémica de los naturales» que existía entre los que argumentaban que los indígenas eran bestias salvajes y por lo tanto estaba justificado esclavizarlos y los que, por el contrario, argumentaban que no había categorías dentro del contorno de lo humano. En la actualidad, la visión de las bestias salvajes es tan inadmisible como incomprensible. Pero no lo era, incluso para gente inteligente y de buena fe, hace quinientos años. Hay mil ejemplos similares a lo largo de la historia. Conviene hoy tenerlos en cuenta porque nos encontraremos muy probablemente con desafíos similares a nuestras ideas y nuestras concepciones más básicas, que apenas hemos esbozado en la ciencia ficción.

Parece necesario entender la relevancia de este proceso, abordarlo con escepticismo y una mente abierta aun para cuestionar nuestras creencias más arraigadas. La discusión sobre entes artificiales e inteligentes, que hoy parece tan clara y contundente, puede que en un futuro sea vista como otra *polémica de los naturales*. Un escenario futuro, tan evidente como delicado, es la integración. La hibridación de biología y tecnología puede adoptar muchas formas diferentes que también han sido exploradas en sus vetas y matices por la ciencia ficción. Desde organismos mixtos hasta la posibilidad de transportar nuestra consciencia a un soporte robótico, de forma tal que esa máquina *sea* uno mismo, en un sustrato diferente sin las contingencias temporales del cuerpo.

En este tipo de ejercicios nos asomamos al abismo. Y en ese vértigo proyectivo aparecen preguntas lejanas que no viene mal visitar con curiosidad: ¿queremos salvar el planeta, la vida humana, o la cultura humana? Si nuestra cultura y nuestras ideas, si todo lo que consideramos humano, continúa en otro medio, incluso en una versión que sea más armoniosa con el planeta y con nosotros mismos, ¿firmaríamos el tratado?

¿Y si todo sale mal? ¿Y si realmente creamos una superinteligencia muy superior a la nuestra y eso lleva a la extinción de la raza humana? El sentido de la extinción nos alerta de que al otro lado está el abismo y hacemos bien en respetarlo. Pero también conviene recordar la frase de Sagan: «Somos polvo de estrellas», o su versión más reciente en el poema de Jorge Drexler: «No somos más que una gota de luz, una estrella fugaz, una chispa, tan solo en la edad del cielo».

Desde que hay vida en este planeta, se han extinguido el 99,9 por ciento de las especies que han existido. La deriva genética, la competencia y los cambios ambientales han hecho que las especies de la Tierra se renueven sin cesar. Y el mundo sigue girando. En ese camino de mutaciones y extinciones todo se va entrelazando. Los *Homo sapiens* y los neandertales convivieron durante un buen tiempo en el que cruzaron genomas y cultura. *Homo sapiens*, con su mejor manejo del fuego y de las herramientas, encontró su esplendor en su virtud más lograda, la inteligencia, y provocó la extinción de los neandertales. Tiempo después, parece probable que nosotros seamos los nuevos neandertales de otra especie. La historia se repite pero con un elemento inédito. El del último parámetro de la ecuación de Drake. Quizá tengamos el raro «privilegio» de haber gestado nuestra propia némesis.

La vida pasa muy deprisa. Y en ese tiempo limitado, algo en nuestro cerebro nos invita con empeño a dejar un legado. Tratamos de aprovechar ese suspiro cósmico antes de dejar paso a las siguientes generaciones. En ese sentimiento de algo mucho más grande que nosotros mismos la vida se vuelve calma y cobra sentido. De la misma manera también podemos reconciliarnos con la idea de que nuestra especie es pasajera. El proyecto de Turing, que empezó en la urgencia de un drama humano con el objetivo de salvar al mundo libre, puede tener un fin más amplio, más inesperado. Desde la plácida distancia sideral, podemos pensar que haber creado una inteligencia extraordinaria sea la forma más cabal de haber cumplido nuestro rol, como un eslabón más en la intrincada historia de la vida.

Agradecimientos

Este viaje vertiginoso habría sido inviable sin la ayuda de mucha gente que nos empujó en el camino. Ana Clara Pérez Cotten nos acompañó horas y horas en conversaciones en las que sembramos todas las ideas del libro. Alex Romero Alto, gran experto en ciberseguridad, nos describió con enorme lucidez esa frontera tan tenue entre el presente y el futuro de la IA. Laura Estefanía nos ayudó con la edición de los textos que devinieron de estas conversaciones. De ahí el libro fue a las manos de Borja Robert que, con su mirada escéptica y aguda nos ayudó a encontrar todas nuestras «alucinaciones» y a escribir la bibliografía y el glosario. Xisca Mas tomó el resultado de todas esas iteraciones, pulió y limó todo tipo de asperezas y con Mariana Creo se juntaron otra vez, de un lado y otro del océano, para resolver las voces españolas y argentinas que indefectiblemente se mezclan en este texto. Andreu Barberán resolvió con premura y brillantez el diseño y Nacho Ruiz la edición técnica. Tuvimos la infinita fortuna de que la cubierta sea parte de la experimentación que Coco Dávez ha emprendido en inteligencia artificial. Es la única intervención de una IA en el libro.

Mariano Sigman

En este libro se mezclan lo humano, la ciencia, el arte y la tecnología. Esa impronta viene de la escuela de mi vida, en la que crecí con mis hermanos, mis viejos, mis abuelos y mi tío Benjamín. Siento, con mucha emoción, que hoy esa llama vive en casa, con Claire, con Milo y con Noah. En nuestras conversaciones vale todo. Hay humor, música, amor. Me gusta pensar que la manera tan sensible que tiene Claire de ver el mundo ha quedado plasmada en el libro. Espero haberla honrado. A mí me ha hecho mejor persona y me ayuda a mantener el rumbo cuando lo pierdo. Milo y Noah son la materia de este libro. La proyección indefectible hacia el futuro, las preguntas más impredecibles, las más amorosas. Gracias, además, a los tres por ser pacientes y generosos en estas semanas en las que estuve tan absorbido con este texto.

Este camino de ciencia lo he andado con amigos, colegas, compañeros de ruta, mentores. Gabriel Mindlin ha sido todo eso. Con él aprendí cómo la matemática puede simular la naturaleza. Gabo me llevó a un encuentro en Parque Chas, con Marcelo Magnasco, que devino en un periplo en Nueva York. Ahí, en cinco años maravillosos de mi vida descubrí con Marce y con Guille Cecchi la matemática de las ideas y de la computabilidad. A París también llegué en un encuentro fortuito, con Claire, en la estación de tren de Orsay. Ahí viví tres años en los que aprendí junto a Stanislas Dehaene a pensar sobre el pensamiento. Estos son mis mentores, los que marcaron el rumbo, en esa mezcla casi indefectible de causas y azares, al que converge este libro. Gracias también de corazón a mis compañeros de viaje, que me recordaron siempre que esto va de divertirse y de no perder la fascinación, ni la pasión, en este embrollo. Marcos Trevisan, compañero de ideas, risas y palabras. Pablo Meyer, Leopoldo Petreanu y Eugenia Chiappe con quien hemos conversado, vivido y compartido tanto. Diego Fernández Slezak y Facundo Carrillo fueron de esos alumnos que se vuelven maestros en el camino de la computación y la inteligencia artificial. Con Joaquín Navajas emprendimos un buen viaje a la ciencia de la conversación. En Madrid tengo la suerte de aprender con Santiago Gerchunoff sobre filosofía y política, entre comilonas y conversaciones donde lo antiguo y lo contemporáneo se mezclan sin aviso. Muchas de esas conversaciones han sido fundamentales en las ideas de este libro. También las charlas con Jacobo Bergareche, Fernando Isella, Gerry Garbulsky, Emiliano Chamorro y Lisandro Silva Echevarría, que pueblan mi vida de ideas, de música y de literatura.

Santiago Bilinkis

Quiero agradecer a todas las personas que me hicieron ser quien soy. Entre ellos, a mis padres Inés y Adrián, que atizaron el fuego de mi curiosidad; a mis tíos Ani y Alberto, que creyeron en mí y apoyaron con decisión mi formación; a todos los maestros que me inspiraron y me hicieron amar el conocimiento; y a Matías Martin que me hizo descubrir el comunicador que anidaba dentro de mí.

También a toda mi querida familia y a mis valiosos amigos que acompañan mi presente y hacen mi vida hermosa. Especialmente a mis hijos Nicolás, Ezequiel y Julieta, que me llenan de orgullo y son lo que más quiero en este mundo. Hay un dicho que dice que «detrás de todo gran hombre hay una gran mujer» pero obviamente está mal: tengo una ENORME mujer a mi lado, no detrás. Releí las dedicatorias de mis libros anteriores y nunca encuentro las palabras que puedan dimensionar el aporte de Cynthia para que mis libros, y todo lo bueno que pasa en mi vida, sea posible.

Finalmente a Sam Mizrahi, mi amigo de ochenta y nueve años, por enseñarme cada día con su ejemplo el valor del optimismo y que lo mejor siempre está por venir. De a poco, va logrando en mí lo imposible: que pueda amigarme con el paso del tiempo.

Glosario

Redes neuronales: sistemas de aprendizaje artificial inspirados en la estructura y el funcionamiento del cerebro. Están formados por neuronas interconectadas que se agrupan en capas. Pueden aprender a resolver todo tipo de tareas complejas como identificar imágenes, entender la voz humana o traducir a través del entrenamiento. Este proceso ajusta la intensidad de las conexiones entre neuronas, lo que le permite descubrir relaciones complejas, identificar patrones de forma autónoma y buscar soluciones novedosas —y a menudo incomprensibles para los humanos— ante todo tipo de problemas.

Neurona artificial: unidad fundamental de procesamiento en una red neuronal, que puede estar compuesta por millones de ellas. Durante el entrenamiento, cada neurona se calibra para establecer, en conjunto, una estructura de conexiones que resuelvan de manera óptima el problema planteado. Una neurona recibe entradas de otras neuronas de la red. La fuerza de cada una de estas entradas depende del peso de la conexión. Luego la neurona hace un cálculo matemático con todas las entradas que, en general, consiste simplemente en sumarlas y decidir si están por encima de cierto umbral. Si se cumplen los requisitos, la neurona envía su salida a las siguientes neuronas de la red.

Capa: un conjunto de neuronas que procesan datos de forma conjunta para evaluar características concretas de la información, como identificar los bordes en una imagen o las palabras clave en un texto. Una vez todas las neuronas de una capa han completado su trabajo, remiten sus resultados a la siguiente. Hay capas de distintos tipos según cómo se conectan con las demás, qué tipo de cálculos realizan y qué cualidades aportan. Por ejemplo, las capas densas conectan cada una de sus neuronas a todas las de la capa previa y son eficaces a la hora de identificar patrones, mientras que las capas convolucionales realizan una operación matemática (convolución) idónea para analizar imágenes de manera eficiente.

Peso de la conexión: los valores numéricos que determinan la fuerza de la conexión de una neurona con aquellas a las que envía información. Ajustar estas cifras, que también denominamos ponderadores, es un objetivo esencial del entrenamiento de una red neuronal. Si durante el entrenamiento se identifica un vínculo entre neuronas que ofrece un buen resultado, se refuerza incrementando el valor de sus pesos. Si sucede lo contrario, se reducen para debilitarlo.

Sesgo: un valor numérico que se modifica durante el entrenamiento y se suma al resultado obtenido por una neurona antes de aplicar la función de activación. El término no tiene relación con los sesgos cognitivos, ni con los prejuicios; solo es una manera de aumentar la flexibilidad de la red neuronal, pudiendo variar la sensibilidad para responder de cada neurona. Gracias al sesgo, las neuronas cuentan con un parámetro adicional, además de los pesos, para determinar si deben enviar sus resultados a las siguientes.

Función de activación: una fórmula matemática que determina si los resultados obtenidos por una neurona, calculados a partir de la información recibida de las anteriores, cumplen los requisitos para ser enviados a las siguientes. La capacidad de activar neuronas —cuando ayudan a lograr una solución adecuada— o desactivarlas —cuando perjudican al resultado final— permite establecer relaciones más complejas y sutiles entre los datos.

Algoritmo de aprendizaje: conjunto de reglas usadas por una red neuronal para ajustar las conexiones entre sus neuronas y la intensidad de esta. Son las operaciones matemáticas que modifican los pesos y los sesgos de cada una de las neuronas durante el entrenamiento. Así, una vez entrenada, la red pueda transformar los datos de entrada en la mejor respuesta posible.

Entrenamiento: proceso por el que una red neuronal aplica su algoritmo de aprendizaje y calibra sus parámetros mediante el procesado de datos. Puede ser supervisado, cuando se usan datos etiquetados, en los que para una entrada concreta se espera un resultado específico (por ejemplo, identificar si en una foto hay un gato) o no supervisado, cuando los datos están sin etiquetar y, por lo tanto, no existe una base de conocimiento previo sobre el que aprender. El primero es más usado en tareas de clasificación y reconocimiento, y el segundo para desarrollar habilidades creativas como generar imágenes o texto, aunque la frontera entre ambas es borrosa. También existe el entrenamiento semisupervisado, en el que solo una parte de los datos de entrenamiento están etiquetados.

Parámetro: el conjunto de variables numéricas con los que cuenta una red neuronal. Estos incluyen los pesos, los sesgos y las funciones de activación de todas las neuronas. Las más modernas tienen miles de millones. Cuantos más parámetros, más compleja y potente será la red neuronal, aunque también más costoso será su entrenamiento y su uso. Para procesar esta enorme cantidad de números y realizar todos los cálculos necesarios, tanto en el entrenamiento como en su posterior uso, es habitual usar unos dispositivos conocidos como GPU.

GPU: unidad de procesamiento gráfico (por sus siglas en inglés). Un tipo de procesador especializado en hacer muchas operaciones matemáticas en paralelo. Las GPU se diseñaron como dispositivos que mejoraban las capacidades gráficas de las computadoras, pero han resultado ser igual de valiosas para entrenar y usar redes neuronales. Ambas tareas exigen resolver cantidades inmensas de operaciones aritméticas y se benefician de la capacidad de hacer miles de ellas de forma simultánea.

Función de valor: el evaluador que determinará los objetivos buscados durante el diseño y el entrenamiento de una inteligencia artificial. Dicta qué resultados o soluciones son más adecuados (por ejemplo, los que llevan a ganar una partida de ajedrez o responder con claridad a una pregunta) y, en consecuencia, cómo deben ajustarse sus parámetros. Cumple el papel de un crítico que, en vez de puntuar restaurantes o películas, pone buena o mala nota a las distintas decisiones que puede tomar una inteligencia artificial. Es esencial en el aprendizaje por refuerzo.

Aprendizaje profundo (*deep learning*): un método de aprendizaje artificial basado en redes neuronales con múltiples capas de neuronas entre la entrada y la salida, cada una capaz de evaluar distintas cualidades de la información recibida (por ejemplo, los colores dominantes de una foto o el idioma en que está escrito un texto). Cada una de estas capas intermedias es capaz de generar representaciones de los datos más abstractas que las anteriores. Por ejemplo, una capa podría identificar bordes, otra clasificar qué formas componen estos segmentos y una más determinar que, en conjunto, estas características coinciden con las de una foto de un bosque.

Aprendizaje por refuerzo: una técnica para optimizar las decisiones de una inteligencia artificial que mezcla la exploración de estrategias novedosas y la evaluación de sus consecuencias. Las que resultan beneficiosas de acuerdo con la función de valor generan un fortalecimiento de los pesos en aquellas conexiones que han promovido la acción o decisión. Las perjudiciales, por su parte, los debilitan. El objetivo es que la red neuronal aprenda las estrategias que maximizan la recompensa a largo plazo. Se usa en aplicaciones como los juegos (por ejemplo, el go o el ajedrez), la robótica o la optimización de procesos industriales.

Redes generativas: son redes neuronales entrenadas con grandes cantidades de datos reales y especializadas en crear información nueva y verosímil, que sea difícil de distinguir de aquella con la que ha aprendido. Son redes creativas, que se usan para generar todo tipo de nuevos contenidos de forma realista. Pueden servir para crear imágenes de características inesperadas, o que nunca se han hecho antes (el retrato al óleo de un mono subido a una cabra, ambos disfrazados de futbolistas, por ejemplo), música que combine estilos distantes y texto o voz realistas.

Redes adversariales (o antagonistas): un tipo de red generativa sometida a un entrenamiento que simula una carrera armamentística. Dos redes neuronales, una generadora y otra discriminadora, compiten entre sí. La primera trata de crear información nueva y verosímil y la segunda intenta descubrir el engaño, mejorándose así la una a la otra a lo largo de millones de encuentros entre ambas. Permite generar información de alta calidad como imágenes, texto o voz realistas.

Transformer: una arquitectura de red neuronal basada en un mecanismo matemático llamado atención. La atención permite distinguir qué fragmentos de los datos evaluados son más importantes, así como identificar relaciones y dependencias más complejas entre ellos. Son excelentes en la elaboración de resúmenes, en la transcripción de voz a texto, en hacer traducciones entre idiomas o en generar textos de alta calidad. Es la tecnología tras los modelos masivos de lenguaje (LLM).

Large Language Model (LLM): modelo masivo de lenguaje. Es el resultado de entrenar una inteligencia artificial con miles de millones de textos y audios bajo la arquitectura transformer. Son capaces de entender mensajes hablados o escritos, el denominado *prompt*, y generar una continuación realista y sofisticada. Su tarea es leer (o escuchar) un mensaje y predecir cuáles deberían ser las siguientes palabras para que tengan el máximo sentido posible. A menudo, se adaptan para que la interacción con ellos sea mediante una conversación, que resulta más natural. Aunque en esencia son predictores de palabras, los LLM más potentes muestran habilidades emergentes, para las que no han sido entrenados específicamente, como comprender la gramática de un idioma, imitar el modo de escribir y el punto de vista de un personaje o razonar la solución a un problema que nunca se habían encontrado. Sin embargo, a veces tienen «alucinaciones» en las que inventan información falsa.

Prompt: la instrucción o el conjunto de instrucciones, preguntas o frases, en forma de audio o texto, que se introduce en un LLM para que genere una respuesta. Es el principal modo de interacción con estas redes neuronales y hacerlo bien requiere de cierta pericia. Ya se habla de *prompt engineering* (ingeniería de *prompts*) como la disciplina que identifique cuáles son las maneras de obtener los mejores resultados.

Token: los fragmentos de palabras, o palabras completas (si son breves) que los LLM procesan y generan. Son su unidad básica de información, sobre la que aprenden, toman decisiones y hacen predicciones. Son una herramienta esencial en el procesamiento del lenguaje natural porque permiten representarlo de manera estructurada y, así, hacer factible su evaluación y análisis por parte de las inteligencias artificiales.

Contexto: en el ámbito de los LLM, el contexto se refiere a la cantidad de tokens que pueden tenerse en cuenta durante la evaluación del *prompt*. Cumple una función equivalente a la memoria a corto plazo, la que permite saber qué temas estamos tratando sin tener que repetir constantemente los mismos términos o dar una explicación completa de cada afirmación. Por ejemplo, poder decir: «Mis amigos viven en otra ciudad. Voy a verles todos los fines de semana» sin necesidad de reiterar a quién vas a visitar el sábado. Los modelos actuales pueden tener en cuenta entre miles y decenas de miles de tokens como contexto.

Función de pérdida: es una función matemática que se utiliza para medir la discrepancia entre el resultado esperado y el resultado real obtenido por una red neuronal. La función de pérdida se utiliza durante el entrenamiento para ajustar los pesos de la red y minimizar el error. Es decir, la diferencia entre el resultado esperado y el resultado real obtenido por una red neuronal.

Validación: es el proceso mediante el cual se evalúa el rendimiento de una red neuronal utilizando datos que no se utilizaron en el entrenamiento. La validación se utiliza para evaluar si la red está sobreajustada (*overfitted*) o si generaliza bien a nuevos datos. Se dice que una red neuronal está sobreajustada cuando se ajusta demasiado a los datos de entrenamiento y no generaliza bien a nuevos datos. El sobreajuste puede evitarse mediante técnicas como la regularización y el *dropout*, que es una técnica utilizada para reducir el sobreajuste en una red neuronal mediante la eliminación aleatoria de neuronas durante el entrenamiento.

Nota sobre la cubierta

«Imagina»: así comienza Midjourney, una inteligencia artificial (IA) que transforma texto en imágenes. Y así, imaginando, es como me adentré en el mundo de la IA y desde entonces no he podido dejar de jugar. Lo que me atrajo fue esa invitación a pensar de manera creativa, desplegar ese imaginario personal y dar forma a proyectos que antes eran imposibles por falta de tiempo y medios. Sin límites, la mente se empieza a ensanchar y magnificamos el sueño, pues en eso consiste jugar, en que cualquier idea cobre sentido y el juicio comience a desvanecerse. Mediante la descripción con palabras y la ayuda de la IA he creado proyectos que se han hecho realidad, como un hotel de cabañas en Groenlandia, unas instalaciones de cristales de colores reflectantes en el parque nacional de Joshua Tree, una fiesta de octogenarios que celebran el amor como adolescentes o los «Recuerdos de un viaje que nunca hice», imágenes de lugares que solo existen en mi imaginación. La IA nos coloca ante un nuevo paradigma: hay que cambiar la palabra «error» o «fracaso» por «azar». Cuanto mejor definamos, más preciso será el resultado, pero no hay dos resultados iguales para una misma descripción. Sigamos, entonces, jugando. La IA nos invita a explorar, a soñar despiertos, a ser creativos, a buscar nuevas formas de dar vida a esos mundos que habitan solo en nuestra mente.

COCO DÁVEZ

Puedes acceder a la bibliografía del libro
a través de este código QR: